Harmonie & Liebe

von
Uwe Wetter

Impressum: Uwe Wetter, 30989 Gehrden
Cover: Designed by Uwe Wetter

Erste Auflage
© 2013 Uwe Wetter, Gehrden
Publisher: pro2sell publishing services (São Paulo)
Printed in USA
ISBN: 978-1-300-68433-6

Vorwort

Ich danke allen Menschen, Begegnungen, kurz und langfristigen Beziehungen, die ich in meinem bisherigen Leben erfahren durfte und ganz besonders meinem Schutzengel, der die Blaupause meines Lebensbuches in der Hand hält. Der es ermöglicht, dass ich meine Lebensaufgabe erfüllen darf. Dieses lichtvolle Wesen, welches mich oftmals durch einen Schicksalsschlag, da ich aus meinem Ego handelte oder es in meinem Lebensbuch geschrieben war, wieder in die richtige Bahn und somit auf den guten Weg führte.

Dir, mein Schutzengel danke ich, dass ich nun immer näher zu mir komme, meiner Seele, meiner Lebensaufgabe, um den göttlichen Plan mitzugestalten und zu erfüllen.

Ich danke meinen Eltern, dass sie mich dahingehend ernährt und unterstützt haben, ich von ihnen und sie von mir lernen durften.

Ich danke meiner 3. Ehefrau „Melanie", dass sie mir immer wieder die Kraft gab, um weiter auf dieser Welt zu existieren· Ohne sie wäre ich heute nicht mehr·

Ich widme dieses erste Buch meinen beiden Töchtern Verena und Pia, die mich auf ihre spirituelle Art unterstützt und auf meinem Weg geleitet und begleitet haben· Verena auf ihre tiefgründige und skeptische Sichtweise und Pia in ihrer damaligen Leichtigkeit und Weisheit·

Inhaltsverzeichnis

„DANKBARKEIT UND VERGEBUNG"

Im Jahre 1964 inkarnierte ich auf diesem Planeten Erde.

Als Erst geborener durchlebte ich viele Krankheiten gleich zu Beginn meines Daseins. Mein Leben war ein ständiger Überlebenskampf. Wie alle Kinder nahm ich all das was mir widerfuhr, die körperlichen und seelischen Schmerzen, all die Ängste und die Trennung zur Mutter im Krankenhaus, als normal und selbstverständlich an. So entstanden die ersten Prägungen!

Woher diese Krankheiten kamen ist auch heute mir nicht schlüssig. Ich weiß nur, dass ich in diesen Jahren weder beurteilte noch verurteilte. Ich nahm einfach alles so an wie es war.

Mit meinem heutigen Bewusstsein, schaue ich also zurück in diese ersten 7 Lebensjahre, die mich prägten auf Grund der Erfahrungen, die ich machen wollte.

Ich erkenne heute meine Handlungsweisen, meine Ängste, meine Phobien aber auch jetzt die tiefe Dankbarkeit für das, was ich dort erleben durfte.

Jetzt werden Sie sich fragen: „Wie kann ein Mensch für all das Leid welches er erfahren hat dankbar sein?" Hier beginnt nun Ihr neues Bewusstsein! Jetzt denken Sie einmal wie ein Kind!

Lassen Sie Ihre Phantasie einmal wieder richtig frei!

Stellen Sie sich jetzt vor, Sie haben Ihr komplettes Leben auf dieser Erde als eine Geschichte in ein Buch verfasst. Nennen wir es Ihr „Lebensbuch!" In diesem Buch sind viele Stationen Ihres Lebens verfasst. Sie haben eine Menge Menschen und auch Tiere in diesem Buch benannt, die Ihnen helfen, Ihre Lebensgeschichte zu schreiben.

Es sind die so genannten Helfer oder Statisten, die Ihnen zur Verfügung stehen, Ihre Lebensgeschichte zur Vollkommenheit zu bringen. Sie stehen während des gesamten Filmes hinter der Kamera und führen Regie!

Jetzt inkarnieren Sie auf dem Planten Erde und haben Ihr Lebensbuch, Ihren Wegweiser, im Himmel vergessen. Sie erleben die unterschiedlichsten Dinge wie: Krankheiten, Verlust eines nahe stehenden Menschen, Armut, Lieb- und Herzlosigkeit, Gewalt, Missbrauch usw.

Sie gehen auf die Reise der Erfahrungen, sind konfrontiert mit den unterschiedlichsten Gefühlen. Sie fahren sinnbildlich Karussell!

Sie erleben Konflikte. Konflikte im Außen. Nun gilt es zu erkennen, dass diese Konflikte die Sie im Außen tragen, Ihre inneren Konflikte sind, die mit Ihrer Wahrheit im Innen zu tun haben!

11

Sein Sie dankbar für das Erkennen dieser Konflikte im Außen. Integrieren Sie diese Dankbarkeit für Ihr tägliches Leben mit Ihrem Gefühl. Es macht übrigens ganze 85% Ihres gesamten Daseins aus. Die restlichen 15% benötigen Sie nur für Ihren Verstand!

Machen Sie sich das einmal ganz deutlich bewusst!

Sich täglich zu öffnen in diesem Bewusstsein der Dankbarkeit an jedem Morgen wenn Sie aufstehen, in jeder Situation, die Sie danach erleben z. B.

Wenn Sie nach dem Aufstehen ins Bad gehen um sich im täglichen Ritual die Zähne zu putzen oder den Rasierapparat durch´s Gesicht gleiten zu lassen oder letztendlich den Kamm oder die Bürste durch das Haar zu fahren, schauen Sie sich dabei in die Augen und nicht nur in den Spiegel im Allgemeinen, im Außen.

Gehen Sie tief hinein in Ihre Augen!

Und währenddessen Sie dies tun, sein Sie dankbar, dass Sie das, was Sie dort sehen und was Sie dort in diesem Moment fühlen erleben dürfen!

Hier beginnt Ihr neues Bewusstsein mit Ihnen selbst!

Weiter zeigt sich das neue Bewusstsein indem Sie sich für das Alltägliche neu öffnen! Das was gestern war, war gestern und *ist nicht mehr zu verändern im gestern, nur noch zu verändern im Hier und Jetzt!*

Und auch das Morgen ist noch gar nicht da, denn Sie wissen nicht einmal, ob das Morgen für Sie überhaupt kommt. Ihre Seele kennt das Morgen, aber Ihr Verstand noch nicht. Er lebt in der Illusionen, in den Planungen. Und ich sage Ihnen: Es ist so gut wie nichts mehr planbar!

Wissen Sie, ich war viele Jahre im Außendienst tätig und von mir wurde immer wieder abverlangt zu planen.

Fragen wie:

- *Wie viele Neu-Kunden machen sie?*
- *Wie viel Umsatz, wie viel Absatz werden sie erreichen?*
- *Wie viele Veranstaltungen planen sie mit ihren Kunden?*
- *Und so weiter und so fort. Diese Fragen waren alltäglich.*
- *Und ich fühlte dabei immer wieder den inneren Widerstand etwas*
- *zu planen, weil ich in meinem tiefsten Inneren wusste, es ist nichts zu planen!*

Erinnern Sie sich an meine eingehenden Worte?

Ihr Leben ist bereits in Ihrem selbst geschriebenen Lebensbuch verfasst!

Sie haben sich dort Stationen verfasst, die Sie erreichen wollen und auch erreichen werden. Und in welcher Art und Weise Sie diese Zwischenstationen erreichen, entscheiden Sie durch Ihren freien Willen, der Ihnen als Mensch, hier auf der Erde, gegeben worden ist. Dieser freie Wille entscheidet sowohl mit Hilfe des Verstandes als auch durch den Bauch.

Es ist wichtig, auch diesen freien Willen mit Dankbarkeit in Ihr Leben zu integrieren! Nach meinen Erkenntnissen ist es eine Pflicht und zuletzt auch eine Kür.

Merken Sie sich bitte folgendes:

Ihren Verstand benötigen Sie für Zahlen, für die Logik, für die „Umsetzung" Ihrer Ziele, Ihres Lebensplanes!

Treffen Sie häufig Entscheidungen aus Ihrem Verstand? Treffen Sie voreilig Entscheidungen jeglicher Art, ohne dabei auf Ihr „Bauchgefühl" zu achten?

Beobachten Sie sich ab jetzt stets dabei, wie sich Ihr „Bauch" bei allen Fragen, Situationen und Geschehnissen an fühlt. Egal ob es sich um ein negatives oder positives Gefühl handelt.

Genau in diesem Moment der Wahrnehmung Ihres Bauchgefühls überprüfen Sie, ob sich Ihr Verstand parallel „gemeldet" hat!

Sollte dies so sein, dann sprechen Sie in diesem Augenblick und sagen:

„Danke Verstand, dass du dich zeigst.
Aber jetzt folge ich meinem Bauchgefühl
und treffe dort heraus meine Entscheidung!"

Aber auch hier ist immer wieder zu sehen und zu erleben in welchen Prägungen Sie aufgewachsen sind. Wie sich Ihr „Ich" (Ego) entwickelte.

In der Phase wo sich dieses ICH entwickelte, so zu sagen auf Erkundungstour ging, um die Natur zu erforschen, in Abenteuern zu wühlen und sich im Außen zu vergnügen mit den Dingen, die wir als Kind zu Verfügung hatten.

Wir beurteilten und verurteilten als Kind nicht! Wir waren frei!

Und doch fühlten Sie sich bestimmt in manchen Situationen begrenzt und in dem Erziehungszwang der Eltern.

Auch hier ist zu sehen, dass Ihre Eltern nur das getan haben, was sie in diesem Moment ihres Daseins, für richtig hielten. Denn auch sie lebten ihre eigene Prägung aus den vielen Erfahrungen, die sie machen durften!

Heute jedoch ist alles anders!

Heute sind Sie an einem Punkt, wo Sie sich mit dem Thema Dankbarkeit ernsthaft auseinander setzen sollten!

Zum Einen kennen wir alle die Dankbarkeit auf der Verstandesebene, als auch die Dankbarkeit auf der Herzfrequenz. Dies sind, wie Sie sicherlich wissen, zwei völlig unterschiedliche Gefühlszustände.

Dankbar zu sein, für das was Sie erleben durften in Ihrem bisherigen Leben, einschließlich sämtlicher Krankheiten, die wegweisend waren, sämtliche Schicksale wie:

Trennungen vom Partner, der Partnerin

Trennung vom Arbeitsplatz

und auch die Arbeitslosigkeit

kann und sollte für Sie in Dankbarkeit angenommen werden! Fühlen Sie es?

Auch hier handelt es sich um Schicksale, die wegweisend für Sie sind und waren.

Solche Gegebenheiten machen Sie darauf aufmerksam, dass eine neue Entscheidung auf Ihrem Lebensweg ansteht und Sie Ihre damit verbundene Lebensaufgabe erfüllen dürfen.

Es gilt zu erkennen, dass alles was geschieht in Ihrem Leben, Sie sich selbst geschrieben haben!

Es gilt zu erkennen, dass alles was bis jetzt geschehen ist vollkommen richtig war!

Es gilt dankbar zu sein, für die Prägungen die Sie aus Ihrer Erziehung erleben durften! Es gilt dankbar zu sein für das, was Ihnen im Außen gespiegelt worden ist! Und dies bitte urteilsfrei!

Und mit Ihrem neuen Bewusstsein gilt es ab jetzt dankbar zu sein für das, was noch geschieht! Machen Sie sich immer wieder und fortwährend bewusst, dass alles was geschieht, Sie sich selbst kreieren! Ob das Ihre Krankheit ist, die Arbeitslosigkeit, der Verlust des Partners..... alles ist in Dankbarkeit anzuerkennen und in Ihr Leben zu integrieren.

Der Verstand mit seinen 15% des gesamten Daseins ist derjenige, der Sie immer wieder in alte Muster führt...

in den Schmerz

in die so genannten Schatten und dunklen Seiten in Depressionen

in Missmut und

in Lustlosigkeit .... usw.

Das Krankheitsprogramm, und dahin gehend die Undankbarkeit, ist enorm groß! Sie haben den freien Willen, diese Erkenntnis anzunehmen und zu transformieren.

Wir finden so viele Möglichkeiten und Wege, ich spreche auch immer wieder gerne von Werkzeugen im Außen, die uns in die Hände fallen, um uns unseren Lebensweg zu kreieren, zu gestalten!

Sie entscheiden jederzeit selbst und beobachten Sie sich genau dabei, ob Ihre Entscheidung, eines dieser Werkzeuge in diesem Moment anzunehmen, aus dem Verstand oder aus dem Gefühl folgt.

*Nehmen Sie dieses Werkzeug bewusst in Dankbarkeit an! Setzen Sie sich in Dankbarkeit mit sich selbst auseinander! Dies ist ein Weg in die Stille zu gehen. Sie können dies täglich tun ohne dabei Stunden vergehen zu lassen. Ob Sie dazu meditieren, in den Wald gehen oder sich still auf eine Bank an den See setzen und dabei immer ruhiger werden ist völlig egal! Wenn Sie sich intensiv wahrnehmen. Sich fühlen und sich dabei nur auf Ihre Atmung konzentrieren, stellen Sie sich dann bitte die Frage: **Wer bin ich?***

Sie kommen dann wieder an Ihre Prägungen, die verbunden sind mit der Erziehung der Eltern, der Geschwister, Prägungen aus dem Kindergarten aus der Schule, aus dem Berufsleben, aus dem Freundes- und Bekanntenkreis sowie Prägungen aus der Partnerschaft.

Dort fangen Sie an dankbar zu werden, für all das, was Sie erleben durften.

Achten Sie dabei auf Ihr Gefühl! Beobachten Sie sich genau! Kommen Ihnen dabei Tränen?

Tränen der Freude? (sie schmecken süß).

Tränen der Verletztheit? (sie schmecken salzig). Oder beginnen Sie zu plötzlich laut zu lachen? Alles darf sein!

Nehmen Sie sich genauestens wahr und setzen Sie sich in Stille mit der Dankbarkeit auseinander, wer Sie wirklich sind!

Leben auch Sie in einem Kollektiv der Gesellschaft? Ich spreche auch immer gerne von dem Hamsterrad, in dem wir alle täglich laufen und laufen und wieder laufen bis zu dem Moment, wo wir hinaus fallen.

Meistens geschieht dies durch ein Schicksal, wie die Trennung eines Partners, die Krankheit, der Arbeitsplatzverlust... was auch immer es ist, was Sie jetzt bewegt, dieses Buch zu lesen.

Wer sind Sie?

Das ist die Frage, die ich mir in meinem 41. Lebensjahr tief greifend gestellt habe.

Wer ist Uwe Wetter?

Ein wiederkehrendes Schicksal in meinem Leben ließ mich aufwachen! Ich war nicht dankbar für das, was ich geleistet hatte, ich verurteilte mich, war immer sehr selbst kritisch mit mir und der Außenwelt. Mir fehlte immer etwas in meinem Leben.

Und das was mir fehlte war im Prinzip mein innerster Kern.

Um diesen inneren Kern zu leben, inkarnierte ich in der Familie, die mich geprägt hat. Die mir Ethik, Moral und Religion vor gelebt hat.

Und ob diese falsch oder richtig waren, war nicht zu be- oder verurteilen, sondern es ging darum, mich damit aus einander zu setzen und zwar in Dankbarkeit!

Ich lebte alle meine Emotionen!

Und auch das durfte sein!

Ich ging in Résumé mit meinem gelebten Leben, in einem ganz normalen und völlig korrekten und emotionalen Verhalten.

Da war Wut!

Da war Angst!

Da war tiefe Verärgerung!

Teilweise sogar Selbsthass für das, was ich getan habe.

Es ging um die Frage der Schuld oder Unschuld! ICH bin an allem schuld!

Es war ein langer Weg um den bis dahin gelebten Lebensfilm emotional noch einmal ablaufen zu lassen. Und ich kann Ihnen auch sagen, dass das nicht immer schmerzfrei von statten ging.

Es waren letztendlich für mich 3 Filmsequenzen von großer Bedeutung.

- *Die erste Filmsequenz beinhaltete meine Kindheit, die Erziehung und die Prägung meines Elternhauses.*

- *Die zweite Filmsequenz war verbunden mit meiner 1. Ehe.*

- *Die dritte Filmsequenz spielte sich meiner 2. Ehe wieder.*

In Dankbarkeit erkannte ich, dass alle 3 Lebensabschnitte inhaltlich identisch waren. Ich hatte nur die Personen, die Gesichter und die Namen ausgetauscht.

Alles wiederholte sich in meinem Leben, bis ich die bislang versteckten Aufgaben erkannte, ich sie transformieren durfte und sie sich somit auch auflösten.

Erst durch das bewusste Leben im „Hier und Jetzt" komme ich in diese tiefe Dankbarkeit den Menschen gegenüber, die mir in meinem bisherigen Leben zeigten, welche Rollen ich bisher gespielt habe und sie mir zeigten, wer ich wirklich bin!

In den Bereichen, in denen ich beruflich unterwegs war, stand ich oftmals unter Starkstrom ..... unter einem gewissen Druck der Aktivitäten.

Ich kam mit vielen Menschen zusammen. Ich hatte betriebliche Erfolgspläne zu erfüllen, die auch mein gutes Gehalt recht fertigten.

Weiter folgte der innere Antrieb... ja, dieser Ehrgeiz auch noch die ausgeschriebenen hohen Prämien zu bekommen.

Es war die Gier, das Ego, mein Verstand, der mir zeigte, dass ich mir mit einer zusätzlichen finanziellen Auszeichnung all die materiellen Wünsche in mein Leben holen kann.

Das ich meine Defizite in meinem Leben damit kompensierte, war mir da noch nicht bewusst!

Ich war gerade im Begriff eine neue Position innerhalb des Unternehmens einzunehmen. Es ergab sich urplötzlich eine neue Aufgabe, die ich schon seit Jahren herbei sehnte. Und eines Tages kam ich an den Punkt, an dem dieser krisensichere Arbeitsplatz für mich das Ende aufzeigte.

Ich spürte dies schon ein dreiviertel Jahr zuvor!

Doch mein Ego.... mein Ehrgeiz trieben mich weiter und weiter in diese dunkle Schattenseite, um später zu erkennen, dass dieser Weg aussichtslos ist und somit in eine Sackgasse führte.

Meine Bestimmung, meine Lebensaufgabe ist eine ganz andere als die, die ich bis dahin lebte. Obwohl ich die Inhalte dazu schon mein Leben lang in den einzelnen Arbeitspositionen als auch in meinen Beziehungen gelebt und auch vor gelebt habe.

Es fehlte die Intensität der Dankbarkeit!

Ich wurde dann aus dem Unternehmen gekündigt. Aus dieser Kündigung wurde eine Freistellung, die über einen Zeitraum von 9 Monaten lief.

Das ist zu vergleichen mit einer Schwangerschaft.

Die so genannte „Befruchtung" setzte ich selbst durch mein eigenes Verhalten im Dezember. Die „Schwangerschaft" wurde dann im darauf folgenden Januar offiziell. Und ab Oktober war ich dann „neu geboren"!

„Neu geboren" in dem Sinne, dass ich nun den Weg in die Arbeitslosigkeit ging. Ich hatte keine Lust mehr auf Vertrieb. Ich war ausgebrannt und sollte mich selbst heilen.

Es galt für mich zu erkennen und dankbar dafür zu sein, dass diese letzten neun Monate, in denen ich nicht aktiv arbeiten musste und trotzdem mein volles Gehalt mit allen zusätzlichen

Funktionen und Raffinessen bekam, ein Geschenk für mich waren.

Stattdessen fühlte ich eine tiefe Unzufriedenheit und Undankbarkeit! Ich war verletzt und wieder sehr selbstkritisch!

Ich fühlte mich „raus geworfen" aus meinem Hamsterrad in dem ich lief und lief und lief.... In dem meine Füße schon „wund" waren, weil ich gegen unzählige Windmühlen anlief. Neid und Missgunst seitens meiner Kollegen waren stetige Begleiter.

Dabei zeigte mir das Universum nur, dass ich in diesem Unternehmen nichts mehr zu tun hatte und ich mich nun auf meine neue Lebensaufgabe vorbereiten sollte.

Und so fiel ich in Depressionen, in Schmerzen und in Themen, die man Ablehnung oder Versagertum nennt!

Doch während dieser langen Zeit der „Schwangerschaft" bekam auch ich Werkzeuge und Hilfen von außen!

Ich kann mich gut daran erinnern, wie der Sachbearbeiter des Arbeitsamtes mir zur Seite stand und einen für mich idealen Weg aufzeigte, um diese neue Lebenssituation zu bewältigen.

Ich war schon lange Zeit unterwegs in der Esoterik, im spirituellen Dasein sowie auch in der Kunst alternativer Heilmethoden. Und so hatte ich, parallel zur Arbeitslosigkeit

*die Möglichkeit, die Ausbildung zum Heilpraktiker der
Psychotherapie zu absolvieren.*

*In tiefer Dankbarkeit erkannte ich nunmehr, dass die
Menschen im Außen mir reflektierten, dass sich eine
Filmsequenz meines Lebens wiederholte:*

*So hatte ich auch nach meiner ersten Ehe eine Freistellung
von meinem Arbeitgeber, um einen „Richtungswechsel" in
meinem Leben vorzunehmen.*

*Eine Veränderung im Innen und im Außen. Doch die
damaligen Zeichen hatte ich noch nicht erkannt. Somit ist mir
erst nach meiner 2. Ehe und der anschließende
Arbeitsplatzverlust ein „neues Bewusstsein" eröffnet worden.*

Es präsentierten sich nun viele Herausforderungen.

*Ich bekam mehrere Arbeitsangebote, die mit einem sehr guten
Verdienst verbunden waren. Da war er wieder:*

*Der Lockruf des Geldes, der materiellen Welt! Doch mein
Gefühl, mein inneres tiefes Gefühl mit dem ich jetzt in voller
Dankbarkeit mittlerweile verbunden war, zeigte mir, dass
diese Art des Geld verdienen, nicht mehr zu mir gehörte.*

*Ich war dem Sachbearbeiter des Arbeitsamtes so dankbar,
dass er mich auf meinem „neuen Weg" so sehr unterstützte und
ich darauf folgend meiner „Lebensbestimmung" nach gehen
konnte.*

Ich hatte ein Portfolio von dem was ich in meinem Leben gemacht hatte und mich mit mir in Dankbarkeit auseinander gesetzt und dabei meine Stärken und Schwächen erkannt.

Ich wusste, dass das was im Außen der Gesellschaft immer wieder durch Trainer usw. präsentiert worden war, für mich nicht der Richtigkeit entsprach!

Meiner Meinung nach sind die „Schwächen" eines Menschen dafür da, sie in Liebe und Dankbarkeit anzunehmen und sich nicht mit ihnen in allen Qualen auseinander zu setzen...... um diese Schwächen zu Stärken zu machen!

Nehmen Sie bitte Ihre Schwächen in Dankbarkeit an und akzeptieren Sie sie!

Es ist die dunkle oder die so genannten „Schattenseite" Ihres Daseins, die Sie leben dürfen!

Kennen Sie Ihre Stärken?

Wissen Sie, was Ihnen tiefe Freude bereitet?

Ist Ihnen bewusst, durch welche Ihrer persönlichen Eigenschaften, Sie vielleicht anderen Menschen oder Tieren oder der Natur behilflich sein können?

Erkennen Sie Ihre Potentiale?

Was ist Ihre Bestimmung?

Nehmen Sie sich Ihrer Stärken an und Sie werden erkennen, mit welcher Leichtigkeit und Freude Sie Ihr Leben meistern!

Ja, Sie sind ein Meister! Sie sind eine Meisterin! Gehen Sie einen Moment in sich und fühlen Sie in Ihre Stärken hinein! Was spüren Sie?

Ein Kribbeln?

Eine Freude?

Eine Leichtigkeit?

Eine neue Herausforderung?

Abenteuerlust?

Oder vielleicht den Wunsch einen alten Kindheitstraum zu verwirklichen? Hier zählen die Prägungen, Ihre Charakterzüge, die Ihnen in die Wiege gelegt worden sind. Die Prägungen, die Sie sich aus Ihrem Elternhaus, in Ihrer Familie, in Ihrem sozialen Umfeld geschaffen haben.

Situationen, die Sie sich in Ihrem Leben erschaffen haben, um immer wieder zu erkennen, was zu Ihnen gehört und was nicht zu Ihnen gehört!

Erkennen Sie, wo Ihre Neigungen sind?

Und wo sind Ihre Abneigungen?

Wo stecken Ihre Potentiale, Ihre Stärken?

Wo sind Ihre Schwächen?

Sein Sie dankbar für dass, was in Ihrem Leben geschehen ist! Integrieren Sie diese Dankbarkeit in Ihr tägliches Leben als Ihre Pflicht und Kür! Sie werden immer wieder alte Schubladen und Muster in Ihrem Dasein bedienen, durch das, was Sie gesehen, gelernt und erlebt haben.

Alles was Ihnen zum Beispiel vor 5 Jahren noch misslungen ist, kann im Hier und Jetzt, im heute genau das Richtige für Sie sein! Damals war nur die so genannte „Zeit" oder der noch nicht „richtige Moment" für Ihr Vorhaben.

Wir stellen uns doch immer wieder die Frage:

Was ist richtig oder was ist falsch?

Sie müssen immer wiederkehrend trainieren sich zu beobachten! Treffen Sie die Entscheidungen aus dem Verstand oder aus dem Bauch? Wenn Sie eine Entscheidung fällen wollen und Ihr Gefühl sich dabei einschaltet und rebelliert, ist es wichtig, zu erkennen, dass die in diesem Moment getroffene Entscheidung für Sie nicht richtig ist! Denn sie wurde aus

Ihrem Verstand getroffen, nicht aus Ihrem Bauch! Wir alle wissen, dass eine Liebe, die aus dem Kopf entschieden wurde, keinen dauerhaften Bestand haben kann, oder? Ihr Verstand ist für logische Dinge zuständig. Und aus der Logik heraus verlieben wir uns doch nicht! Oder? Es ist in Dankbarkeit zu erkennen, dass Sie zu jeder Zeit den richtigen Partner an Ihrer Seite haben.

Aus der Gesetzmäßigkeit der Resonanz, der Anziehungskraft, ist in Dankbarkeit zu erkennen, dass der augenblickliche Konflikt in dem Sie gerade stehen und sich bewegen, eine Lernaufgabe für Sie ist.

Verurteilen Sie bitte den Menschen im Gegenüber nicht, sondern nehmen Sie in Dankbarkeit die Resonanz Ihres Körpers an und lernen Sie daraus Ihre Aufgabe zu erkennen und zu lösen!

Damit sind Sie einen großen Schritt Ihres Weges weiter! Es öffnet sich Ihr neues Bewusstsein!

Und um so heftiger diese Konflikte oder Situationen im Außen auf Sie zu kommen, um so deutlicher zeigen Sie Ihnen auf, dass Sie jetzt etwas in Ihrem Leben verändern sollten!

Ich gehe noch einmal kurz zurück, zum Thema der Arbeitslosigkeit und der damit verbundenen finanziellen Situation eines jenen Arbeitslosengeldempfängers.

In der heutigen Zeit wird immer wieder darüber diskutiert ob das Arbeitslosengeld zu hoch oder zu niedrig angesetzt sei.

Machen wir uns doch einmal bewusst, dass es Länder gibt in denen eine derartige soziale Hilfe gar nicht erst besteht. Dem zu Folge sollten auch Empfänger und Empfängerinnen des Arbeitslosengeldes dankbar für diese Einrichtung sein und es als ein „Geschenk" ansehen und nicht darüber dementieren, ob die Leistungen zu gering seien oder nicht.

Dies bezieht sich auch auf viele weitere Dinge des Lebens, die ich selbst erleben und erfahren durfte.

Nach meiner 4-jährigen intensiven „Bewusstseins-Reise" trat meine jetzige Lebensgefährtin in mein Leben. Wir entschieden uns, eine neue gemeinsame Wohnung zu beziehen. Finanziell waren wir beide in einem schwankenden „Desaster". Wir hatten unsere zwei Wohnungen aufgelöst und starteten unser Leben neu.

In diesem recht engen Gürtel des Geldes in dem wir zu der Zeit lebten, kamen wir auf einen Hauseigentümer, der uns eine Wohnung mit paradiesischem Garten für unseren Hund anbot, zu der wir beide ein stark gefühltes „Ja" zu dieser Wohnung spürten.

Unser Verstand hat immer wieder versucht uns davon ab zu halten und uns stets mit Zweifeln und Zwistigkeiten konfrontiert. Wir sind unserem Gefühl stark verbunden geblieben und konnten die neue Wohnung auch eher beziehen *als ursprünglich vorgesehen war. Wir wurden dann schließlich reichlich belohnt. In tiefer Dankbarkeit durften wir erkennen, dass unser Vermieter nach all den Strapazen und ungewollten Renovierungsarbeiten uns die Miete für 1 ½ Monate erließ.*

Ein weiteres Beispiel:

Ich habe in den verschiedensten Orten und Regionen an denen ich Vorträge hielt, Menschen unterschiedlichster Art kennen gelernt. Zum Einen gab es Menschen, die mir offenen Herzens gegen über traten, als auch die, die sehr verschlossen, zum Teil stur und kanalisiert waren.

Ohne jeden Einzelnen zu verurteilen, war ich für all diese Situation, die ich dort erlebte, jederzeit dankbar. Denn ich hatte die Möglichkeit, das viele Wissen, welches ich in meinem Leben gesammelt hatte nun endlich in mein Leben zu integrieren und es an die Menschen weiter zu geben, die daran interessiert waren. Für die Begegnungen der introvertierten Zuhörer war mir bewusst, dass der Zeitpunkt für eine Öffnung für sie noch nicht gegeben war.

Ich fühlte keine Resonanz! Somit hatte die Verschlossenheit dieser Menschen nichts mit meiner Person zu tun.

Einer meiner ersten spirituellen Gruppen-Coachings fand in einem kleinen esoterischen Laden statt. Unter den Teilnehmern befanden sich Skeptiker, eine ängstliche, in sich verschlossene Person, der ihr junges Leben bereits als hoffnungslos erschien und des weiteren auch ganz offene Menschen.

Was ich hier an diesem Abend gemeinsam mit meiner Lebensgefährtin nach kurzer Zeit erleben durfte, war eine Entwicklung von großartiger Herzlichkeit und Offenheit.

Wir spürten, dass die Skepsis, die Unsicherheit, ja sogar die Angst der einzelnen Personen in wenigen Minuten verloren ging.

Die Energien waren wunderbar. Die Teilnehmer hörten gut hin, die Botschaften kamen gut an! Wir haben auch viel und herzlich gelacht! Es entwickelte sich ein runder Abend mit vielen neuen Bewusstseins-Öffnungen eines jeden Einzelnen.

Wir alle wurden reichlich beschenkt!

Wir alle waren dankbar für diesen Abend!

Vier Wochen später fand ein ähnlich „geplanter" Abend in einer anderen Umgebung statt. Erinnern Sie sich? Ich sagte schon, dass nichts im Leben planbar ist!

Es entwickelte sich hier alles anders. Die Teilnehmer waren bis auf eine Person doch eher verschlossen. Eine aktive und lustige Runde hatte sich hier an diesem Abend nicht entwickelt. Große Skepsis breitete sich dort aus!

Eine Person zeigte sich recht aggressiv, mit verschlossener Körperhaltung, gegenüber dem Thema „Harmonie & Liebe".

Ich führte diese Seele immer wieder sanft in das so genannte „Spiel des Lebens" zurück und öffnete ihr Tore für ihren Lebensweg, doch sie stand auf der pessimistischen Seite ihres Lebens.

Ich war auch hier nicht in Resonanz!

Aber ich spürte den inneren Kampf, den diese Seele mit sich selbst trug. Der Verstand, das Ego hatte diesen Erden- Menschen besiegt! Und dem zur Folge fand auch ein resoluter Rückzug dieser Person statt.

Ihr fehlte die Dankbarkeit zu ihrem eigenen Leben!

Ich verurteile diese Situation nicht, habe nur feststellen müssen, dass dieser Mensch nicht in seiner Dankbarkeit, in seiner inneren „Harmonie und Liebe" zu sich selbst stand. Ich hatte Mitgefühl mit dieser Person großes Mitgefühl.

Öffnen Sie sich täglich neu für Ihr Leben! Und leben in Liebe und Dankbarkeit für alles, was Ihnen begegnet!

Es ist dabei völlig egal, welcher Religion oder welcher Partei Sie angehören! Dankbarkeit hat etwas mit Ihnen selbst zu tun! Mit Ihnen und Ihrem Leben!

Dankbarkeit für all das, was Sie bislang erleben durften und jeden Tag weiter erleben dürfen. Auch wenn es so manches Mal emotional schmerzt.

Die Dankbarkeit zu all dem zu fühlen, was Ihnen geschieht, was Sie sehen, hören, schmecken und riechen können.

Und wenn Sie in Ihr Gefühl gehen, wenn Sie sich fühlen, wenn Sie beginnen bewusst auf Ihr Gefühl zu achten, nicht nur im Schmerz, sondern auch im Sinnlichen, da wo es Ihnen gut tut, sein Sie dankbar dafür!

Und da wo es schmerzt, sein Sie dankbar dafür, dass Sie sich jetzt fühlen! Das Sie den Schmerz Ihres Organs, Ihres Körperteils wahrnehmen und er Ihnen damit aufzeigt, dass es an der Zeit ist, einen „neuen Lebensweg" zu beschreiten!

Erkennen Sie, dass das Signal des Schmerzes Ihnen etwas bewusst machen will?

Und wir bekommen alle täglich „wiederkehrende Signale"! Wenn Sie sich morgens fragen:

Was soll ich heute tun?

Welche Entscheidung soll ich heute zu einem bestimmten Thema treffen? Sie werden Signale dazu bekommen! Sie erkennen sie nur dann, wenn Sie offen und bewusst durch Ihr Leben gehen! Durch verschiedene Dinge im Außen werden Ihnen diese Signale gegeben.

Achten Sie bewusst auf die Wahrnehmungen, die über das Auge, das Gefühl, den Genuss, über die Zunge, über die Nase oder die Ohren kommen werden.

Sie müssen sich nur bewusst dafür öffnen, dass es mehr gibt als Sie bisher erkannt haben und dankbar dafür sein, dass es sich für Sie zeigt!

Egal welche Antwort Sie auf Ihre Frage bekommen.

Nehmen Sie diese in diesem Moment mit Ihrem Gefühl in Dankbarkeit an! Das Signal Ihres Gefühls, zu verbinden mit der tiefen Dankbarkeit Ihres Herzens, wird Ihre Seele höchst erfreuen und Sie werden weiter auch große Freude daran haben, Ihre neue Entscheidung um zu setzen.

Sein Sie dankbar dafür, dass es geschieht, so wie es geschieht!

Sein Sie dankbar dafür, dass Ihr Partner oder Ihre Partnerin, Ihre Eltern und Geschwister Ihnen genau das gezeigt haben, was Sie leben oder nicht leben sollen.

Verurteilen Sie nicht!

Wenn Sie im Außen verurteilen, verurteilen Sie sich selbst! Denn das Außen ist immer der Spiegel Ihrer Selbst! Schon in der Bibel stand: Vergib dem Anderen – So vergib auch dir selbst! Vergeben Sie sich selbst für alles was bisher in Ihrem Leben geschehen ist und wie Sie mit sich Selbst umgegangen sind.

Wir werden oft von unserem Ego, von unserem Verstand geleitet, um in alten Dingen zu verharren.

Hierzu möchte ich Sie bitten, sich eine Filmsequenz Ihres Lebens anzusehen, in der Sie vielleicht nicht gerade gerecht sich selbst oder einer anderen Person gegenüber waren.

Spüren Sie auch dabei das negative oder unwohle Gefühl, welches Sie in der Vergangenheit dabei hatten?

Nun stellen Sie sich vor, Sie erzählen einer Freundin oder einem Freund von dieser gelebten Situation und jetzt kommt das ganz Entscheidende dabei!

Beobachten Sie sich selbst und fühlen Sie sich! Verharren Sie in Ihrer alt gelebten Emotionalität?

Oder sind Sie jetzt dabei völlig gelassen?

Sollte Ihnen hier das alte Emotionsbild in Ihrem Gefühl erscheinen, haben Sie sich selbst noch nicht für die alte Situation vergeben! Das Ende der Schuld ist somit noch nicht abgelegt!

Damit haben Sie sich auch nicht selbst vergeben! Wenn Sie sich vom Verstand her vergeben haben oder Sie sich nicht im Einklang mit Ihrem Gefühl sind, kommen Sie bei Erzählungen einer alten Geschichte, die Ihnen widerfahren ist, immer wieder in die alte Energie.

Ein wirkliches Vergeben, egal mit welcher Methode oder mit welchem Werkzeug Sie arbeiten, ist zu fühlen!

Ist Ihr alter Schmerz, Ihr unwohles Gefühl wirklich transformiert? Oder haben Sie genügend Abstand zu dem Erlebten gefunden und somit das Thema in einen Karton gepackt und gut verschlossen? Es ist unwahrscheinlich wichtig dieses Gefühl für sich zu lokalisieren und sich dabei zu beobachten wenn Sie über Geschehnisse der Vergangenheit erzählen.

Ein wirkliches Vergeben und auch somit der Abschluss der Vergebung an sich, ist mit einem Gefühl verbunden und dieses Gefühl ist absolut neutral!

Es fühlt sich dann an, als wenn ich Ihnen eine Geschichte aus einem Buch vorlese, einem Sachbuch oder eine mathematische Formel studiere.

Somit spüren Sie dann auch und das sollte Ihnen bewusst sein, dass Sie sich auch selbst vergeben haben!

Es gibt die Komponente von Täter und Opfer. Wir sind immer Täter und Opfer in uns selbst.

Bei allem was uns widerfährt, ob das nun mit Karma verbunden ist oder auch nicht, das gegenwärtige „Ursache- und Wirkungsprinzip" oder „Gesetzen der Resonanz" oder „Anziehungskraft" spielt dabei keine Rolle.

Wichtig ist im Thema der Vergebung, dass Ihnen klar ist, dass auch Sie sich selbst dafür vergeben müssen.

Ob als Opfer.... oder als Täter!?

Denn aus dieser gesamten Situation, aus dem Erlebten muss Ihnen immer wieder bewusst sein, dass all dies in Ihrem Lebensbuch geschrieben steht!

Vergebung im Einklang mit Dankbarkeit und das Ganze neutral gefühlt, ist sehr wichtig! Vergebung heißt, dass Sie sich von Ihrer Persönlichkeit von Ihrem ICH, Ihrem niedrigen ICH, dem Ego lösen sollen.

Gehen Sie hinaus aus dem emotionalen Schmerz der Verletzung! Machen Sie sich immer wieder bewusst, dass in sämtlichen Lebenslagen, die sich im Täglichen zeigen, Ihre Lernaufgabe steckt.

Zu lernen ist die Tiefgründigkeit des Vergebens, die verbunden ist mit der Dankbarkeit für den Menschen, den Sie in Ihr Leben eingeladen haben, der Ihnen auch den Schmerz zeigt.

Es ist wichtig, dass Sie in Ihr Gefühl kommen und selbst fühlen wie Sie sich vergeben! Dazu eine kleine Geschichte:

Durch einen entfernten Bekannten erfuhr ich, dass ein Mann ganz plötzlich aus dem Leben gerissen worden ist. Niemand war auf diesen Tod vorbereitet. Es handelte sich um einen tragischen Verkehrsunfall. Der Mann hinterließ eine Frau, erwachsene Kinder und Enkelkinder.

Aus weiteren Berichten, war deutlich zu spüren, dass der Unfallgegner, ein 18-jähriger junger Mann, von uns Menschen für diesen Unfall allein verantwortlich gemacht worden ist und von vielen Außen stehenden verurteilt wurde.

Der junge Autofahrer fuhr zwar mit überhöhter Geschwindigkeit, jedoch nahm das Unfallopfer ihm die Vorfahrt.

Ich hörte den Erzählungen der Trauernden genau hin und konnte ihren tiefen Schmerz nachfühlen.

Doch wo bleibt das Mitgefühl für den jungen Mann, der noch den Tod vier weiterer junger Menschen, die in seinem Auto saßen, zu verantworten hatte?

Der Jugendliche erlitt zwar nur leichte körperliche Verletzungen, doch können Sie sich vorstellen, was nun auf der Seelenebene als auch im Verstand mit diesem Menschen geschieht?

Er ist Täter und Opfer zugleich!

Auch er trägt jetzt einen belastenden Schmerz und eine tiefe Schuld in sich. Und wir wissen heute nicht, wie dieser junge Mann mit seinem Schmerz und seinem Schuldgefühl umgeht.

Wir alle dürfen ihn nicht verurteilen!

Denn auch diese Tragödie hatte einen tiefen Sinn und denken Sie bitte auch in solchen Gegebenheiten daran, dass diese betroffenen sechs Männer ihr eigenes Lebensbuch geschrieben haben.

Trotz des Schmerzes, des Verlustes eines geliebten Menschen ist es wichtig vergeben zu können!

Denn diese allgegenwärtige Liebe, die dieser Verstorbene in sich trug und weiter gab in seinem Leben, hat auch dieser junge Mann in sich.

Es geht um Vergebung!

Vergibt sich dieser junge Mensch wirklich?

Wie geht er mit seinem Schicksal um?

Lebt er schon mit diesem neuen Bewusstsein? Oder setzt er sich bald wieder hinter sein Steuer, seines eventuell nächsten neuen Autos und fährt genauso rasend weiter durch sein Leben? Hat er aus diesem schweren Schicksal seines Lebens gelernt? All diese Fragen sollten uns nicht davon abhalten, mit einem tiefen Gefühl von Verbundenheit, diesem jungen Mann zu vergeben! Denn wir alle sind auch mit ihm verbunden. In seiner Freude und in seinem Schmerz.

Wir können nicht aus dem Verstand her vergeben! Vergebung findet aus tiefstem Herzen statt!

Immer wenn wir von alten Geschichten erzählen, und ich beobachte mich selbst dabei, mit welcher Energie wir dabei umgeben sind, wie die Augen funkeln oder die Lippen anfangen zu zittern, dass Gesicht plötzlich erblasst oder die innere Wut sich zeigt. Es ist immer wieder wichtig sich dabei zu beobachten, ob wir aus dem Verstand oder aus dem tiefsten Herzen vergeben haben.

Vergebung ist einhergehend mit der Entschuldigung und das Ende mit der Schuld.

Es gibt keine Schuld!

Das Wort „Schuld" ist ein altes Wort aus der Mythologie, aus den Jahren der Kreuzigung, dort wo angeklagt wurde und dort wo gerichtet worden ist.

Das ist lange vorbei!

Machen wir uns bewusst, dass es an der Zeit ist eine neue Evolution mit diesem neuen Bewusstsein zu starten!

Verbinden wir die Dankbarkeit, die tiefe und gefühlte Dankbarkeit mit der Vergebung aus tiefstem Herzen auf allen Ebenen des Daseins!

Machen Sie sich immer wieder bewusst, dass Sie allein eigenverantwortlich, in Ihrer gefühlten Dankbarkeit eines jeden Tages und in einer tiefen Vergebung gegenüber sich selbst stehen.

Sie übernehmen Eigenverantwortung für Ihr eigenes Leben!

Haben Sie heute morgen schon dafür gedankt, dass Sie diesen Tag in Ihrem Leben erneut kreieren dürfen?

Haben Sie sich heute schon dafür vergeben, dass Sie noch nicht im Spiegel gesagt haben: Danke für den heutigen Tag, dass ich diesen Tag neu erleben darf! Das gestern, war gestern, und ist heute bereits Vergangenheit.

An dem Gestern können Sie nichts mehr regulieren. An der Vergangenheit können Sie nichts mehr verändern!

Sie können natürlich das Gestern noch einmal Revue passieren lassen, um das Heute zu verändern, das Heute anders zu gestalten.

Denn jeder Tag ist wirklich neu. Jeder Tag ist einzigartig und beginnt wie ein Koordinatenkreuz bei Null.

Und es ist völlig egal, um welche Uhrzeit Sie morgens aufstehen. In dem Moment wo Sie erwachen, dürfen und sollten Sie dankbar sein, dass Sie einen neuen Tag Ihres

Lebens erleben dürfen und Ihre Lebensaufgabe somit einen Schritt weit näher kommen.

In dem Moment wenn Sie schon wieder über die vergangene Nacht bewerten, kommen Sie schon wieder in den Bereich der Undankbarkeit, des Verurteilens und somit in die Unzufriedenheit Ihres Lebens. Und ich kenne dieses Gefühl zu genüge, wie murrig man aufsteht und den Tag angeht.

Jedoch mit einem wachsenden Bewusstsein schwächt sich diese Charaktereigenschaft und dieses Verurteilen und Beurteilen immer mehr ab.

Sie beginnen sich langsam dafür zu vergeben, ständig über Ihr Leben zu urteilen! Und mit dem Urteilen und Verurteilen einhergehend, mit Dankbarkeit und Undankbarkeit, somit der Entschuldigung, der Schuld, des Vergebens, kommen Sie in eine Harmonie mit sich selbst.

Mit der Erkenntnis dazu, dass alles so ist wie es ist, gut und richtig für Sie ist, kommen Sie in dieses Gefühl der Ruhe und Dankbarkeit!

Manche nennen dies auch den „inneren Frieden" in sich finden.

Das hat mit Meditation im näheren Sinne nichts zu tun. Es handelt sich um die Stille in sich selbst, die wir alle in uns tragen!

Hier finden Sie Ihre Ruhe und Ihre Qualitäten, Ihre Potentiale und die eigene Schöpferkraft!

Die Harmonie ist die Kombination der Dankbarkeit und Vergebung mit Ihrem tiefen Gefühl.

Und mit der Harmonie wächst Ihr Rad von Liebe!

ENDE

„Loslassen und Einlassen"

Nachdem Sie nun das erste Kapital mit dem Titel „Dankbarkeit und Vergebung" in sich aufgenommen und für sich verarbeitet haben, kommen wir nun zu dem Thema „Loslassen und Einlassen"

Ich konnte in meiner jahrelangen Erfahrung immer wieder zusehen und auch selbst durchleben, wie schwer wir Menschen es uns zum Thema „Loslassen" doch machen.

Dies beginnt schon in frühester Kindheit und manifestiert sich im Laufe des Lebens so stark, dass wir schon wie gefesselt durch unser Leben laufen.

Das Wort „Los lassen" hat schon seine klare Bedeutung dahingehend, das wir das Los – welches wir gezogen haben – nun lassen sollen.

"LOS LASSEN" um somit „FREI" zu werden.

Wenn wir uns bewusst machen und uns daran erinnern, dass wir mit „nichts" in dieses Leben und auf diese Erde gekommen sind und uns während unseres Lebens fortwährend materielle Dinge und Menschen zur Verfügung gestellt werden, wird es schon viel angenehmer und leichter „ los zu lassen".

Hierzu eine kleine Geschichte:

Als ich so ca. 30 Jahre alt war, hatte ich meinen ersten „Burnout".

Ich stand morgens vor dem Spiegel, rasierte mich und plötzlich wurde alles dunkel um mich herum. Ein begleitender Herzschmerz ließ mich kurze Zeit später aufwachen. Meine damalige Frau verständigte meine Hausärztin, die mich umgehend zu Hause besuchte.

Als ich so weinend im Bett lag und meine Ärztin mit mir liebevoll sprach, spürte ich schon eine deutliche Erleichterung. Sie hörte meine Worte und wusste schnell um meinen gesundheitlichen und seelischen Zustand.

An diesem Abend sollte ich zu ihr in die Praxis kommen, um einmal in Ruhe über meine gegenwärtigen Themen zu reden. Die Inhalte hierzu waren eine völlige Überarbeitung in meinem Außendienstjob, den ich exzellent ausführte.

Zusätzlich war ich an jedem Wochenende auf den Bühnen unterwegs, machte Tanzmusik und um die Familie kümmerte ich mich auch.

Aber wo blieb ich?

Wir unterhielten uns fast zwei Stunden und ich ging sehr nachdenklich nach Hause. Die Ärztin hatte meine Sätze wiederholt und ich hörte gut hin, was ich ihr und sie mir sagte. In den darauf folgenden Wochen wurde ich immer verschlossener und setzte mich sehr tiefgründig mit mir auseinander.

Das Ergebnis aus meiner Selbstanalyse war für mein Umfeld erschreckend! Ein halbes Jahr später renovierte ich die komplette Wohnung und trennte mich von meiner Familie und begann ein neues Leben.

Ich war zu dieser Zeit so schwer verletzt und innerlich leer, dass ich nur noch alles „Los lassen" wollte. Ich übernahm die Schulden, ließ alles Materielle dort und nahm meine Kleidung und die Dinge, die ich für meinen Job als auch die Musik brauchte mit.

Ich ließ alles los!

Wenn wir uns als Zuschauer, oder auch Betroffene damit auseinander setzen, wenn es um eine Scheidung geht, wie lange sich hier die Menschen um materielle Dinge streiten, können wir klar die Ego´s der Menschen und deren niedrigen Energiefeld erkennen. Verlust und Existenzängste kommen auf.

Wenn wir auch in diesen Themen schnell loslassen würden, uns darauf zurück besinnen, dass wir mit „nichts" gekommen sind, ja dann wären wir im Fluss unseres Lebens und somit stets wieder frei für Neues.

Meine damalige Frau wird schon sehr verletzt gewesen sein, als ich ihr mitteilte, dass ich die Familie verlassen werde. Meine Tochter, sie war gerade 10 Jahre alt, wird sich zu dieser Zeit die Schuld für diese Trennung gegeben haben.

Heute wissen beide, dass dies ein Irrglaube und ein destruktives Denken und Handeln war und auch ist.

Loslassen ist ein Prozess des Erkennens, dass mir „nichts" gehört! Das Los, welches ich gezogen habe, hat heute nicht mehr seine Gültigkeit. Es ist aufgelöst.

Dies betrifft auch Krankheiten jeglicher Art. Bei einer Grippe oder Erkältung sagen wir: Sie kommt 3 Tage, bleibt 3 Tage und verklingt nach 3 Tagen wieder.

Ein schöner Glaubenssatz! Oder?

In dem Moment wo ich spüre, dass sich eine Grippe ankündigt, kann ich ihr schon sagen

„Danke ich habe verstanden!

Mein Körper möchte eine Pause!

Du Grippe, brauchst nicht kommen!"

Was meinen Sie was jetzt passiert?

Wenn Sie sich dies bewusst machen und „Loslassen" wird sich die Grippe zurückziehen! Als ich noch täglich in meinem Hamsterrad lief, dröhnte ich mich mit Medikamenten voll, um mein Ego zu befriedigen und meine Leistung am Arbeitsplatz voll zu erbringen. Ich kann mich sogar daran erinnern, dass ich Samstagnachmittag mit 40 Grad Fieber zum Arzt fuhr, um mir eine Spritze geben zu lassen, damit ich am Abend auf einer Hochzeit Musik machen konnte und wieder Geld verdiente.

Ja, meine Erziehung war schon eine Prägung der besonderen Art. Verantwortungsvoll, zielstrebig, untergeben und gefangen in Verpflichtungen Anderen gegenüber.

Wie schon zuvor gesagt, das Burnout mit Anfang dreißig, stimmte mich schon ruhiger. Aber, ich hatte noch so einiges zu lernen zum Thema „Loslassen".

Mit 40 Jahren hatte ich schon soviel zum Thema „Loslassen" gelernt, dass ich kaum noch daran dachte, hier zu etwas lernen zu müssen.

In meinem Job im Außendienst, musste ich täglich Kunden neu werben und alte „loslassen". Aber Privat?

In meiner zweiten Ehe, wir hatten gerade meinen 40. Geburtstag gefeiert, kauften wir uns drei Monate später ein Haus und renovierten es.

Nach sieben Wochen schwerster Renovierungsarbeit, zusätzlich meiner normalen Arbeit, zogen wir in unser Eigenheim ein. Ich war zufrieden mit dem was ich geschaffen hatte. In dieser kurzen Zeit war ich aber körperlich völlig erschöpft, wie schon mit dreißig – mein Burnout – Sie erinnern sich?

Aber ich lief weiter. Ich wollte auch nun die letzten Kleinigkeiten erledigen um dann weiter aus dem Vollen zu schöpfen.

Sechs Monate später zerbrach diese Ehe in einen Scherbenhaufen. Ich wurde betrogen auf allen Ebenen des Daseins.

Klar weiß ich heute, dass ich mich bis zu diesem Zeitpunkt selbst immer wieder betrogen hatte. Aber hierzu musste ich erst einmal ein anderes Bewusstsein bekommen.

Das, was ich Ende Mai 2005 sofort konnte, war das „Loslassen" des gerade erst bezogenen Hauses. Ich wusste, dass dieses Haus und somit materielle Dinge mich nicht glücklich machen.

Nein, ein Haus machte mich völlig unfrei und fesselte mich.

Das, woran ich festhielt – war die Familie, die Frau und meine zweite Tochter. Sie war gerade erst 5 Jahre alt.

Sie sehen, wenn man im ersten Film seines Lebens nicht sehen und daraus lernen will, wiederholt sich die Filmsequenz mit nur anderen Darstellern. Die Inhalte sind jedoch gleich bis wir sie auflösen.

Das Loslassen in diesem Fall, war für mich sehr schwer. Ich hatte doch alles gegeben und jetzt sollte ich alles loslassen. Ich sah mich als Versager, als einer – der sein Leben nicht meistern kann und nicht fähig war eine Beziehung zu leben.

Alles Unsinn!

Hier kam noch einmal das „Loslassen" zu zwei Menschen! Materiell war ich bereits klar....aber wie ist das mit einem Menschen!? Auch hier ist es nichts Anderes!

Machen Sie sich bitte immer wieder bewusst, dass Sie allein hier auf diese Erde gekommen sind und auch allein wieder gehen werden. Alles ist eine so genannte Leihgabe, ein Wegbegleiter.

Wenn wir einen lieben Menschen durch den Tod verlieren, trauern wir im tiefen Schmerz und der Erinnerung wie schön es doch war.

Wenn wir uns bewusst machen, dass dieser Mensch seine Lebensschule geschafft hat, diese bestanden und wieder dahin zurückkehrt wo wir alle herkommen, ja dann wird es leichter mit dem „Loslassen" und sich auf sein Leben wieder neu „Einzulassen".

Das Loslassen ist eine immer wieder kehrende Aufgabe in unserem Leben. Ein stetig begleitender Prozess.

Je schneller wir uns darauf Einlassen, desto schneller wird es für uns leichter und leichter!

Einen Arbeitsplatz in der heutigen Zeit zu verlieren erscheint uns als sehr kritisch und verbunden mit dem sozialen Abstieg. Finanzieller Abstieg droht – trotz des starken sozialen Netzwerkes. Täglich werden wir mit den negativen Zahlen der Arbeitslosenquote konfrontiert.

Früher war ja alles ganz anders, hört man hier und da. Seit Jahren beklagen wir uns dann über die vielen Ausländer, die uns die Arbeitsplätze streitig machen.

Alles Quatsch!

Auch hier konnte ich im Laufe der Zeit bei mir selbst erfahren, dass ich in einem zeitlichen Rhythmus lebte. Ich wechselte gewollt oder ungewollt immer zwischen dem 7. und 8. Jahr den Arbeitgeber und auch die Branche um wahrhaftig zu bleiben und nicht zu vergleichen.

Hier war stets das Thema „Loslassen" mit den Ängsten verbunden. Bei anderen Menschen war dieses Zeitfenster doppelt so groß. Sie wechselten immer im 15./16. Berufsjahr.

Das Wichtige dabei war auch stets das „Loslassen".

Loslassen besagt, dass wir wieder in den Fluss unseres Lebens kommen. Um so länger wir an dem Gestern, dem Gewesenen festhalten, um so langsamer kommen wir in die Neue, für uns vorgesehene Energie. Dabei ist es wichtig, dass wir uns auf das Neue „Ein-lassen".

Unser Verstand versucht uns immer wieder in das alte Fahrwasser hinein zu bringen. Jedoch können wir auf Grund unserer Schwere, uns immer wieder bewusst machen, dass dies keinesfalls der Weg ist, der uns zu unserer Lebensaufgabe führt.

Sie sollten bei der Frage des „Los lassen´s" in Ihr Gefühl gehen und spüren was los zu lassen ist. Wenn Sie das für sich heraus gefunden haben, fühlen Sie danach die Leichtigkeit!

Ich hatte kurzfristig Kontakt zu einer jungen Frau, die gerade vor ihrem Abschluss zur Altenpflegerin war.

Da sie in dem auszubildenden Betrieb nicht übernommen wurde, schrieb sie unzählige Bewerbungen. Als sie mir davon erzählte und ich ihre Bewerbungsfotos sah, fiel mir auf, dass diese schon einige Jahre alt waren und nicht mehr dem heutigen Stand entsprachen.

So sagte ich zu ihr, sie möge vier neue Bewerbungsfotos machen lassen und sich genau dahingehend einfühlen, wo sie gern arbeiten würde. Sie brauchte nicht mehr als diese vier Bewerbungen schreiben und sie würde das passende Angebot bekommen.

Sie befolgte meine Weisungen und ließ dann das Bewerbungsthema los. Innerhalb der nächsten zwei Wochen erhielt sie hierzu die Vorstellungstermine und konnte sich dann das für sie Beste aussuchen.

Was hatte die junge Frau nun getan?

Sie hat sich auf ihr neues Gefühl „eingelassen", um für sich zu bewerten wo sie nun arbeiten möchte und hat ihren alten Stil „losgelassen" damit sie für das Neue frei war.

Es liest und hört sich leicht an....aber unser Verstand – das Ego... schlägt uns dabei immer wieder ein Schnippchen.

Das Neue, das, was wir noch nicht kennen, macht uns Angst und hält uns in den alten Glaubensmustern und Glaubenssätzen zurück. Wir trauen es uns nicht, den neuen Weg, der viel leichter sein kann, zu gehen! Es fehlt uns der Mut, der uns im Laufe unseres Lebens genommen worden ist.

Das Neue ist jedoch das, was uns erfahrener macht und uns wachsen lässt. Die Ängste sind es, die uns daran hindern „nicht" los-zu-lassen! Die Ängste sind es, die uns die Kraft nehmen sich auf das Neue „einzulassen".

Woher kommen nun diese Ängste?

Es können selbst gemachte Erfahrungen sein. Auch unser engeres Umfeld kann uns in diese Ängste treiben. Oder auch alte Glaubenssätze, die uns über Jahre immer wieder eingeredet worden sind, wie:

Das brauchst Du erst gar nicht versuchen.

Du kannst das sowieso nicht.

Lass das mal lieber sein, dass können andere viel besser.

...können zu diesen Ängsten führen!

Kennen Sie das? Finden Sie sich hier wieder? Als kleines Kind hatten Sie keine Angst! Sie waren leicht und neugierig, haben vieles ausprobiert und Ihre eigenen Erfahrungen machen dürfen – oder nicht? Dabei konnten Sie stets loslassen und sich auf Neues wieder einlassen. Erst im Verlauf Ihres Lebens haben Sie durch Ihre Erfahrungen und das Eingreifen durch Ihr Umfeld gelernt, alles festhalten zu müssen.

Es könnte ja sonst nichts mehr da sein!

Bei Menschen die einen Krieg erlebt haben, äussert sich oftmals dieses Symptom des Festhaltens. Sie können auch nicht Loslassen. Hierbei handelt es sich um Traumata, die nicht bearbeitet wurden.

Wenn ich den Erzählungen meiner Mutter lauschte, konnte ich schon als Kind feststellen, wie stark sie darunter gelitten und somit geprägt für ihr Leben war. Und doch hatte sie jederzeit den freien Willen, sich dem heutigen Leben zu stellen und es zu genießen.

Für sie war das Loslassen eines der schwersten Themen ihres Lebens. Das Festhalten ist oftmals verbunden mit einem Mangel den wir in unsere Wirklichkeit mit aufgenommen haben, obwohl es ihn nicht gibt.

Auch bei Konflikten mit unseren Mitmenschen können wir dieses Verhalten immer wieder kehrend beobachten.

Da gibt es Meinungsverschiedenheiten, Missverständnisse einfach gesagt „Reibung"! Der inszenierte Konflikt nimmt seinen Lauf und wird somit zu einem Film der sich je nach Prägung weit über Stunden, sogar Tage ausbreiten kann. Oftmals ist am Ende dieses Konflikts, nicht einmal das Samenkorn der Zündung mehr sichtbar.

Der Starrsinn, das Ego, die Prägung lässt uns in diesem Zustand verharren und wir haben ein starkes Problem mit dem Loslassen.

Sehr häufig konnte ich bei mir, als auch bei meinen Mitmenschen – deren Lebensgeschichte ich kannte feststellen; dass es sich hierbei um Prägungen, Erlebnisse aus dem Elternhaus handelte. Sie hatten selbst als Kind, dieses Verhalten von ihren Eltern übernommen, da es bis zu dem Moment des Bewusst werdens für sie völlig normal war und ihrer Wahrheit entsprach.

Es dem kämpfenden Menschen in dieser Situation begreiflich und klar zu machen, ist häufig ein schmaler Grad, da sein Verharren in alten Mustern ihn unfrei macht.

Es gehört immer wieder Mut dazu, sich zu öffnen und sich auf das Neue einzulassen. Das Neue, ist das Unberührte, das Unerfahrene und das Unsichere. Es macht uns Angst und das einhergehende Gefühl bestärkt dies oftmals. Es ist ein dunkler Raum durch den wir hindurchgehen müssen um das Licht zu erkennen.

Das Licht, welches wir in den uns gebotenen Situationen nicht sehen, ist die Belohnung des Loslassens und das darauf folgenden Einlassen.

Als ich mich mit meiner heutigen Tätigkeit selbstständig machte und somit aus den gewohnten Systemen als Angestellter austrat, hatte ich einige Grenzen zu überwinden und Altes los zu lassen.

Da waren die obligatorischen Sicherheiten, Existenzgrundlagen wie z.B.: Am Ersten des Monats weißt du was du hast, oder auch nicht.

Dabei sind diese Sicherheiten auch nur eine Illusion die wir in unsere Wirklichkeit mit aufgenommen haben. Aber zunächst einmal zählten diese. Da gab es immer einen Firmenwagen, den man sich selbst aussuchen durfte, und vieles mehr.

Jetzt hieß es aus der Arbeitslosigkeit aus zu treten und über eine neun Monate geförderte Existenzgründung in die Selbstständigkeit einzutreten.

Grundlagen hierzu waren, sich mit sich und seinen Stärken auseinander zu setzen, ein Konzept zu schreiben und dessen Wirtschaftlichkeit zu errechnen und zu planen. Wenn all dies für alle Zustimmenden vollkommen in Ordnung war, gab es die Förderung.

Klar, war dies nur ein Verwaltungsakt, aber, dieser würde dann mein weiteres Leben besiegeln!

Nun war die Förderung genehmigt und die Freude groß, da kamen schon gleich nach kurzer Zeit die alten Muster. Das Sicherheitsprofil zeigte sich und zeitgleich lief in meiner Praxis nichts, außer die Kaffeemaschine und mein analytischer Verstand!

Was hatte ich falsch gemacht?

Da kamen Zweifel auf! Ich schrieb die ersten Bewerbungen usw. Ich pendelte in mir hin und her.

Dabei musste ich nur meine alten Gedankenmuster „loslassen" und mich dem neuen Handeln hingeben. Mich auf neues Einlassen!

Bis ich dies begriffen hatte vergingen zwei Monate.

Ich nutze so die Zeit um mein erstes Hörbuch zu bearbeiten. Zwischendurch kamen wieder ein paar Menschen in die Praxis und ich widmete mich dem zweiten Hörbuch. Knüpfte neue Kontakte zu Menschen, die ich bisher in meinem Leben nicht angesprochen hätte. Dies hatte jedoch den Grund, dass ich in einem ganz anderem Bereich tätig war und mich nicht traute weiter neue Wege zu gehen.

Somit erfahren wir stets ein Loslassen in jeglichen Situationen unseres Lebens.

*Ablehnung, ist ein sichtbares und spürbares Signal für das Loslassen. Ablehnung, die wir im Außen erfahren, hat zum Einen mit unserer eigenen Ablehnung zu tun als auch mit dem **Loslassen** sowie dem Einlassen auf Neues.*

Wenn man die wiederholte Ablehnung zu einem ganz bestimmten Thema wiederkehrend erfährt, ist dies ein sehr starkes Signal zum Loslassen!

Als ich mit meiner Praxis in Bad Pyrmont den Weg in die Selbstständigkeit ging, war es für mich aus alter Tradition wichtig mich mit anderen Ärzten und Heilern zu verbinden, um mich zu zeigen als auch gemeinsam einen Weg gehen zu können. Denn aus den vielen Erfahrungen meines Lebens war mir klar, dass jeder Mensch seine ganz individuellen Gaben hat, um diese an die Menschheit weiter zu geben.

Das was mir jedoch hier innerhalb von einigen Wochen entgegen kam war „Ablehnung" auf ganzer Linie. Von

Integration als Mensch kann hier keine Rede gewesen sein. Da gab es die Einen, die mit ihrer Macht spielten und sie missbrauchten und die Anderen, deren die Hände gebunden waren, da sie in einem System angestellt waren, welches sie nur bedienten.

Aus der Gesamtsicht als Mensch der Menschlichkeit war es ein armes Zeugnis, welches sich diese Menschen ausstellten.

Ich sollte mir sogar erst einmal einen Namen machen, sagte mir eine der machtvollen Entscheidungspersonen – dabei habe ich meinen Namen schon seit Erscheinen hier auf der Erde!

Einen Namen machen.... ach ja, als Heiler!

So sollte ich diese Antwort und Weisung verstehen! Aber wie sollte es vollzogen werden, wenn ich nicht mit integriert werde?

Ich bin diesen Menschen dafür dankbar, dass sie mir zeigten, dass dies alles nicht die richtigen Orte waren an denen ich mich präsentieren sollte.

Loslassen und sich auf etwas völlig anderes Einlassen, dass war hier die Weisung! Dank meiner Lebensgefährtin zeigte und sagte sie mir klar, dass ich aus meinem Kopf heraus sollte und somit ins Herz kommen musste.

Den Kopf – Verstand „loslassen" und sich in sein Herz „einlassen"! Unser Verstand ist wie bei einem Computer die Festplatte. Irgendwann ist diese voll und auch deren Programme sind überarbeitet und veraltet. So wie wir mit unserem Computer umgehen, müssen auch wir mit uns selbst täglich neu umgehen damit wir aktuell im Fluss unseres Lebens sind. Veraltete Glaubenssätze müssen wir loslassen.

Ein Update unserer eigenen Festplatte schafft den Raum, den Platz für viel Neues in unserem Leben. Somit balancieren wir uns immer wieder aus und bleiben in Harmonie und Liebe mit uns selbst.

Denn auch zum Thema Loslassen müssen Sie in das Gefühl der Gelassenheit kommen.

Prüfen Sie durch Ihr Gefühl das „Loslassen", wie die Leichtigkeit zu Ihrem aktuellen Thema in Ihr Leben fließt.

Sie spüren die Schwere, den Druck in Ihrem Bauch und Ihrem Herzen, wenn Sie nicht loslassen.

Es ist immer wieder der Verstand, das Ego – welches uns daran hindert „los zu lassen".

In Situationen bei denen wir uns in Lebensgefahr befinden, können wir schnell loslassen. Denn wir reagieren aus dem Bauch heraus und nicht aus der überlegten Verstandes Logik. Hier handeln wir direkt aus dem Gefühl des „Loslassen", also völlig spontan. Wenn wir nun diese Spontanität in unser aktives Leben mit aufnehmen und mit unserem Gefühl verbinden, fällt uns dieses Loslassen viel leichter.

Wir müssen es uns nur immer wieder bewusst machen und in unser Leben integrieren! Auch der Weg zum Loslassen ist bei jedem Menschen ganz individuell zu sehen. Wichtig dabei ist immer das Gefühl! Dies ist nach meiner Erkenntnis das Wichtigste, um die einzelnen Aspekte oder Themen zum „Loslassen" im gegenwärtigen Seinszustand zu überprüfen.

Wenn wir uns bewusst machen, dass wir auch im Moment des „Zweifels" geprüft werden und dahin geführt werden um „los zu lassen", ist auch dies ein Meilenstein den wir in unser Leben integrieren sollten.

Ein erfahrener Verkäufer sagte vor vielen Jahren einmal zu mir: „Im Zweifel nie“! Immer wieder, wenn es um irgend eine Entscheidung in meinem Leben ging, erinnerte ich mich an diesen Satz.

Im Zweifel nie – zeigt uns schon das klare Gefühl zum „Nein“ und zum „Loslassen“.

Ich konnte mich dabei beobachten wenn ich mir zum Beispiel ein Jacke kaufte, bei der ich zweifelte. Schon am nächsten Tag brachte ich diese zurück. Wenn ich es nicht tat, zog ich diese vielleicht nur zwei oder drei mal an und verschenkte sie.

Das Gefühl des Zweifels, der Zerrissenheit ist somit schon ein klares Signal des „Loslassen“

Ich kann mich genau daran erinnern, wie ich in den Momenten kurz vor Ablauf der Frist meiner Existenzgründung hin und her gerissen war einen Folgeantrag zu stellen. Alles wieder begründen zu müssen, warum ich nicht in den positiven Lauf meiner Existenzgründung in den vergangenen sechs Monaten kam und nun auch noch für weitere sechs Monate dafür Geld zu beantragen. Dieses beklemmende Gefühl dazu machte mir schon deutlich keinen weiteren Antrag zu stellen. Ich sollte einen anderen Weg gehen – es war etwas Anderes für mich in meinem Lebensbuch geschrieben.

Aber die einhergehenden Existenzängste waren damit verbunden, die mich tagelang mit diesem Thema blockierten.

Dabei musste ich doch einfach nur „loslassen" und einen anderen Weg gehen!

Ich entschied mich somit mir wieder einen ganz normalen Job zu suchen und schon war ich wieder in einem guten und zufriedenen, freien Gefühl. Meiner Berufung und somit meiner Existenzgründung konnte ich ja zeitgleich weiter führen. Es war die einhergehende Angst „nicht genug Geld" zum Leben zu haben.

Und so ist es vom Grundsatz immer wieder klar und deutlich, dass alles was uns belastet und einem unguten Gefühl einhergeht, schnell losgelassen werden soll – damit wir wieder im Fluss unseres Lebens sind und somit in Leichtigkeit weitergehen können!

Auch die Natur sowie die Tierwelt zeigt uns die Prozesse des Loslassen und des Einlassen immer wiederkehrend wobei in der Tierwelt dieser Prozess stark sichtbar gemacht wird.

Hierzu ein Beispiel:

Eine Eisbärmutter begleitete in der Regel sein Junges drei Jahre lang. In dieser Zeit zeigt es dem Nachwuchs alles, was es selbst erlebt hat um in dieser Welt zu überleben. Der Wandel der Zeit und der Erde zeigt auch der Tierwelt, wie sie sich auf neue Situationen einstellen muss.

So ist es heute, dass eine Eisbärmutter ihren Nachwuchs schon nach zwei Jahren loslassen muss, um selbst zu

*Überleben, da es jetzt mit völlig anderen Bedingungen
konfrontiert ist.*

*Hierzu zeigte sich dieser Tierwelt, die Eisschmelze, sowie den
Nahrungs- und Überlebensraum. Alles veränderte sich in
einem Zeitablauf, wo sich jedes einzelne Lebewesen umstellen
bzw. einlassen konnte, sowie auf die neuen
Lebensbedingungen. Tiere die sich diesem widersetzen, also
nicht loslassen können – sterben aus.*

*Das Gefühl zum Loslassen verbinden wir immer
wiederkehrend mit unterschiedlichsten gelebten Situationen
aus unserem bisherigen Leben.*

*Das das Loslassen in diesem Moment jedoch das Beste für uns
ist und das Einlassen mit einem positiven Gefühl verbunden
werden kann, ist ein wichtiger Punkt des Wandels in unserem
Denken und Handeln!*

*Als ich mich spontan entschied mit meiner Freundin nach
kurzem Kennenlernen zusammen zu ziehen und dabei noch
einen großen Ortswechsel zu vollziehen, handelte ich aus dem
Gefühl!*

Bei der Suche nach dem Ort, schaltete sich der Verstand ein!

*Ich berücksichtigte viele Dinge, die mit meiner Vergangenheit
zu tun hatten, jedoch im Hier und Jetzt gar nicht mehr
vorhanden waren. Hier zeigte sich wiederum, dass noch vieles*

in meinem Datenspeicher (Verstand) vorhanden war, welches ich aussortieren sollte.

Ein Loslassen und geschehen lassen hat auch etwas mit unserer eigenen Nähe zu tun. Nähe zu unserem Ursprung, der Schöpfung, des göttlichen Kerns. Aus unserem Verstand (Ego) wollen wir vieles erreichen, schaffen und besitzen. Ob dieses Wollen uns tatsächlich „gut tut" und somit zu unserem Lebensplan gehört, zeigt sich immer wieder kehrend durch die Schwere, in dessen wir uns befinden. Unser Wohlbefinden hängt davon ab, in wie weit wir uns darauf Einlassen unsere Gefühle zu leben.

In einer Sitzung hatte ich einen 30 jährigen Doktor, der seit seinem 4. Lebensjahr immer wiederkehrend seine Gefühle unterdrückte.

Die Prägungen hierzu erhielt er nach seiner Aussage, seitens des Vaters. Viele Männer sind in der Vergangenheit dahingehend erzogen worden „keine Tränen" fließen zu lassen. Ein Mann „weint nicht"! Was in den einzelnen Fällen dazu beiträgt, sämtliche Gefühle auszuschalten so wie hier bei diesem Doktor, der zu einem völligen Kopfmenschen (Wissenschaftler) wurde. Nach seinem eigenen Erkennen und daran arbeiten, löste er sich allmählich von dieser Selbstlüge um zu seinem wahren Kern, als auch seiner Selbstliebe zu gehen.

Die Aufgabe war es „alles los zu lassen", sich „anzuschauen" und sich an erste Stelle seines Lebens zu stellen. Bei der

Aufarbeitung seiner negativen Glaubenssätze und den damit verbundenen Handlungsweisen, konnte er sich zwar zu 100% wiederfinden, jedoch fehlte ihm das Gefühl bei der Ablösung und Befreiung aus diesem Kollektiv. Erst durch eine zusätzliche energetische Heilbehandlung, lösten sich hierzu noch weitere Blockaden, die dann sein Herz öffneten.

Merken Sie sich bitte folgendes:

Beobachten Sie stets Ihr Gefühl und überprüfen Sie Ihren Verstand! Alles, was Ihnen schwer fällt – gehört nicht zu Ihnen! Achten Sie bei Ihrem Fühlen „nicht" auf Andere, achten Sie nur auf sich! Loslassen ist mit dem Gefühl von „Erleichterung" verbunden! Einlassen ist mit dem Gefühl von „Freude" und Abenteuerlust verbunden, es erzeugt eine positive und aufregende Stimmung! Lösen Sie sich von negativen Glaubenssätzen und lassen Sie sich auf positive Affirmationen ein! Gehen Sie ins Fühlen des Loslassen und Einlassen!

ENDE

„HARMONIE UND LIEBE"

Wenn Sie nun das Buch „Dankbarkeit und Vergebung" und das Buch „Loslassen und Einlassen" in Ihr tägliches Leben integriert haben, dürfen Sie sich freuen um nun in die Balance der „Harmonie und Liebe" zu gehen.

Harmonie und Liebe sind im deutschen Volksmund Schlagworte, die in meinen Beobachtungen als auch Erfahrungen aus meinem Leben eher Schlagworte sind und somit ohne Leben gefüllt.

Die Frage die ich mir hierzu immer wieder stellte war: Warum fehlt vielen Menschen die Harmonie und Liebe? Was ist mit der Harmonie gemeint?

Was ist Liebe?

Auf meiner Lebensreise im Außen – der Gesellschaft – meinem Umfeld, zeigten sich immer wieder Disharmonie und Lieblosigkeit, denn materielle Dinge standen an erster Stelle. Es sind die Themen des Menschen, die ich im ersten Kapitel schon angesprochenen habe – fühlende „Dankbarkeit und Vergebung" sowie gefühltes „Einlassen und Loslassen".

Es handelt sich um das Gefühl von Harmonie, welches mit einem herzlichen und lebendigen Handeln verbunden ist. Diese Harmonie ist die innere Balance von Körper Geist und Seele, welche wir im Außen gespiegelt bekommen, wenn wir unsere Ziellinie der Harmonie erreicht haben. Es ist ein Gefühlszustand, den der Mensch in seinem Kern unentwegt leben darf, wenn dieser dazu bereit ist und „Ja" sagt!

Die Liebe, von der die Menschen in unterschiedlichsten Formen und Arten sprechen und philosophieren ist die „Selbstliebe" von der schon in der Bibel zu lesen ist.

Liebe Deinen Nächsten, wie dich selbst!

Diese „Selbstliebe" fehlt jedoch vielen Menschen. Die Ursachen hierzu sind völlig unterschiedlichster Herkunft und damit verbundener Prägung. Wichtig dabei ist „jetzt" diesen Zustand zu erkennen und ihn für sich zu wandeln und somit zu verändern, damit sie auch hier in das Gefühl eintreten können.

Die Keimzelle des Mangel an „Selbstliebe" ist die Trennung von sich Selbst. Verbunden mit dem eigenen Stellenwert in seinem Leben. Ob Sie nun Einzelkind oder in einer Gruppe von Geschwistern aufgewachsen sind, ist völlig egal. Die Prägung Ihrer Erziehung ist dabei mit entscheidend. Oftmals sind wir auf die Nächstenliebe erzogen worden – das ist sehr gut – jedoch ohne Selbstliebe kann ich diese Form von Liebe nicht verstehen und aktiv leben.

Ich muss lernen, mich in meinem Leben wieder an die erste Stelle zu stellen. Dabei ist gleichermaßen wichtig, dass ich mich dabei wieder „fühle"!

Wenn ich mich wieder „fühle" entwickelt sich entweder ein positives oder weniger positives Gefühl. Dieser Gefühlszustand zeigt mir deutlich, wo ich nicht in „Harmonie und Liebe" mit mir lebe.

Beispiel I:

Stellen Sie sich einmal vor, dass Sie in Ihrem Familienkreis und erweiterten Freundes- und Bekanntenkreis immer um das Wohlergehen der Anderen bedacht sind. Sie tun alles dafür. Sie übernehmen deren Ängste und Sorgen, denken unentwegt darüber nach wie Sie helfen können usw.

Wenn diese Menschen wieder aus ihrem Energiefeld verschwunden sind, fühlen Sie sich leer.

Was macht das mit Ihnen?

Fühlen Sie sich „gut" in ihrem Gefühl oder eher „ausgelaugt"? Haben Sie sich damit schon einmal auseinander gesetzt? Ist Ihnen bewusst, woher dieser Zustand resultiert? Ist das was Sie da tun „Nächstenliebe"?

Wenn Sie sich hier wieder erkennen, handelt es sich evtl. um den Zustand, dass Sie aus ihrem Verstand / Ego alles in der Erwartung getan haben, um Selbst geliebt zu werden; und es ist für Sie immer wieder ein Kraftaufwand, dies zu tun.

Ihre erfahrene Erziehung, wie bei vielen anderen Menschen auch, sagte zu Ihnen: Liebe deinen Nächsten....

Der vollständige Satz: ...Wie Dich selbst!!! wurde ihnen vielleicht nicht mitgeteilt oder Sie haben ihn gar nicht mehr in sich aufgenommen.

Ich denke dabei oft an meine Eltern, die stets für andere Menschen da sind und dabei selten die Ruhe für sich selbst gaben.

Meine Mutter ließ sich auf Grund ihrer Prägungen so tief in das Leben von anderen Menschen ein, dass sie auch deren Sorgen und Ängste mit ihren eigenen in Verbindung brachte und somit aktiv in ihr Leben übernahm. Was sich in der Wirkung von Krankheiten auszeichnete.

Krankheiten wie z.B. in der Wirbelsäule (Bandscheibenvorfall), Hüftgelenkschmerzen, Muskelabriss im Schulter bzw. Oberarmbereich, Herzrhythmusstörungen, Schlaflosigkeit, Herzschlagaussetzungen und vieles mehr.

Sie lebte somit nicht in Harmonie mit sich selbst und ihrer Selbstliebe.

Bei meinem Vater war es in ähnlicher Form zu beobachten. Im Gesetz der Spiegelung, zeigten sie sich dabei auch noch gleiche Krankheitsmuster.

Für mich war es nun sehr wichtig zu erkennen, dass hier meine Prägungen zu meinen Verhaltensmustern liegen. Zeitgleich kommen hierzu die eigenen Lebenserfahrungen und inneren Gaben, die es wichtig sind – frei zu legen – und zu unterscheiden.

Hierbei musste ich immer wieder unterscheiden lernen, nicht aus dem Verstand / Ego zu handeln sondern aus dem Herzen zu fühlen, zu denken und zu handeln. Denn auch ich lebte meine Prägungen aus dieser Erziehung und vergaß mich stets selbst dabei.

Ängste die mit „Glaubenssätzen" hinterlegt sind und auch waren, musste ich erkennen, um einen Wandel in mir vorzunehmen. Hier war der für mich wichtigste Glaubenssatz einhergehend mit der Angst:

„Du wirst zum Egoisten"

„Dann wirst Du egoistisch"

Da ich jedoch fühlte, dass ich niemanden in meinem Lebensraum in seiner Not ablehnen würde, war dieser Glaubenssatz in mein Energiesystem von außen eingespielt worden. Ich musste dies nur erkennen und fühlen.

Sicherlich ist es so, dass sich das Umfeld eines jeden Menschen verändert, wenn diese innere Veränderung nach außen gelebt wird. Es ist aber auch immer wieder sehr interessant mit welchen Macht und Kontrollmechanismen von außen eingewirkt wird, dass man doch der „Alte" bleiben soll.

Erst in der gelebten und gefühlten „Selbstliebe" ist es möglich, ohne jeglichen Kraftaufwand sich selbst und anderen Menschen zu helfen und sie auch auf dieser Ebene zu lieben.

Eine aus dem Verstand gelebte Liebe, ist immer mit Erwartungen von „Geben und Nehmen" einhergehend. Hier befinden wir uns auf dem Weg der „Enttäuschungen", da wir nicht das erhalten was wir uns in diesen Momenten wünschen.

Wünsche werden wahr, wenn wir sie fühlen können. Fühlen aus dem Herzen und nicht dem Verstand. Sicherlich können auch Wünsche erfüllt werden – die aus unserem Verstand kommen, diese dann schnell ihre Bedeutung und ihren Wert verlieren – wenn sie materiell sind und dem Ersatz der Liebe dienen sollten. Dies soll uns wiederum nur zeigen, das es sich hierbei nicht um Wünsche aus dem Herzen handelte.

Wenn wir uns in unserer Welt umschauen, sehen wir wie in einem Ameisenhaufen – eine Masse an Bewegungen, die wir beim schnellen Hinschauen nicht einordnen können. Erst wenn wir erkennen, sehen wir die Ordnung und Aufgabe jedes Einzelnen so wie bei den Ameisen. Diese Ordnung bzw. Aufgabe von uns Menschen, mit unserer Einzigartigkeit, ist für jeden Einzelnen zu erkennen. Die damit verbundene Liebe und Harmonie ist die, die uns immer wieder zeigt, dass wir alle mit einander Eins und verbunden sind.

Liebe schmerzt nicht, Liebe fragt nicht, Liebe IST! Liebe ist ein Zustand der sich in unserem tiefen Inneren verankert hat und bereits da ist, um wieder gelebt zu werden. Dafür müssen wir uns auf Grund der vielen äußeren Einflüsse immer wieder zu aufrufen um diese Liebe zu fühlen, zu leben und in unser aktives Leben zu integrieren.

Es ist der „göttliche Funke" der in uns auf seine Zündung wartet.

Das „WIR" von Körper, Geist und Seele.

Das „WIR" zu UNS und zum NÄCHSTEN.

Liebe kann nicht aus dem Verstand gelebt werden. Hierzu sind die unterschiedlichsten Motive des Ego´s so groß, dass die Erwartungen hierzu nie erfüllt werden können.

Wenn ich dazu gefragt wurde: Was liebst Du an mir? Warum liebst Du mich? Konnte ich nur immer antworten: Ich liebe Dich so wie Du bist!

Diese Antwort brachte die Menschen in viele Fragen und Konflikte mit sich selbst.

Das WARUM ist ganz einfach gesagt.

Wenn sich ein Mensch mit mir streitet und dieser in seiner Erwartung war, dass ich ihm deswegen böse bin, zeigte mir das, dass Kritik nicht in seinem Leben mit LIEBE verbunden war. Viele Menschen verbinden Kritik mit Ablehnung und Nichtliebe und Trennung. Oftmals reagieren sie mit Rückzug oder Zorn.

Die Prägung hierzu kann zum Teil schon im Elternhaus liegen. Die hierzu gesprochenen und gespeicherten Glaubenssätze sind z.B.:

Wenn Du das nicht für mich tust, habe ich Dich nicht mehr lieb.

Bei mir selbst konnte ich diese Glaubenssätze herausfinden sowie auch bei Anderen hören, wie sie es zu ihren eigenen Kindern sagten. Wir übergeben somit unsere eigenen Glaubenssätze und Erfahrungen nicht nur im Positiven an Andere weiter. Ein so genanntes „Kleinhalten" verbunden mit Macht, Kontrolle und selbst einfordernder Liebe, ist hierzu die Ursache und Wirkung zu gleich.

Niemand auf dieser Erde kann Ihnen diese Liebe geben, die Sie nicht selbst in sich finden, entwickeln, leben und weiter geben!

Der Mensch in Ihrem Leben kann Ihnen diese „bedingungslose Liebe" nur zeigen und vorleben, damit sie in Ihnen lebendig wird.

Ein weiteres Beispiel aus meinem Leben bei dem ich dem Menschen bewusst machen und somit die „bedingungslose Liebe" aktivieren konnte.

Meiner Tochter aus erster Ehe, lebte ich nun meine vielen gelernten spirituellen Weisheiten und Erfahrung vor. Alles durfte in den Momenten, der sich zeigenden emotionalen Situationen sein – ich bin eben auch nur ein Mensch.

In den sich mir zeigenden Themen und Situationen von Ablehnung, Verurteilungen usw., lebte ich in den kurzen Frequenzen meine negative, wütende und verletzte emotionale Seite, schwenkte jedoch sofort über in die Liebe.

Denn dort wo ich Ablehnung erfahren durfte, sollte ich beruflich oder privat nicht sein. Meine Berufung und somit verbundene Liebe als „Heiler und Coach" machte diesen Menschen Angst.

Sie lebten nicht in Dankbarkeit sondern in ihrem Mangelbewusstsein – es ist nicht reichlich für sie da – ich könnte ihnen etwas nehmen, was sie im Überfluss haben.

Das Erkennen und bewusste Integrieren in sein eigenes Leben ist sehr, sehr wichtig. Nur mein Verstand und Ego hätten diese Situationen und Menschen „verurteilt", die mir diese versteckte Liebe entgegen brachten. Einzig artig und allein das nicht leben ihrer eigenen Liebe zu sich selbst, ließ diese Art der Ablehnung auf mich wirken.

In den Konflikten, die meine Tochter mit ihrer Mutter in der Vergangenheit ihres Lebens lebte, erfuhr sie immer wieder diesen Zustand der „Ohnmacht", des nicht verstanden werden und der Ablehnung. Und so geht es vielen Menschen auf Grund der fehlenden Selbstliebe.

Erst als sie selbst aus diesem Kreislauf des Ego ausbrach, wurde ihre Mutter ohnmächtig. Sie war „ohne Macht und Kontrolle" und somit mit ihrem eigenen Thema der erwartungsvollen Liebe verbunden.

Wenn nun beide Menschen in ihr Herz gehen, alte Glaubensmuster und Verletzungen „loslassen" und wahrhaftig aus der Liebe leben, sehen und sprechen, sehen sie solche Konflikte im Sinne von „TRENNUNG" und dem „nicht EINS Sein" mit sich selbst.

Die Erwartung aus dem Verstand verbunden mit der Liebe endet stets in der Trennung zu sich selbst als auch zu seinem Nächsten.

Die wachsende Armut, die wachsenden Arbeitslosenzahlen, die wachsenden Naturkatastrophen zeigen uns immer wieder, dass vieles auf der Erde nicht mehr im Gleichgewicht und in seiner „göttlichen Ordnung" ist. Die Verlust und Existenzängste der Menschen macht diese Erde immer kranker. Das lieblose Miteinander, das Mangelbewusstsein verbunden mit der Gier von materiellen Dingen, macht diese Menschen immer kühler und stets noch einsamer.

Diese Menschen erkennen oftmals nur durch Schicksale verschiedenster Art, dass sie weit von ihrem, als auch unser aller Weg, abgekommen sind.

Auch ich lief viele Jahre in diesem Teil des Hamsterrades, wobei ich der Nächstenliebe, das Verbinden von Menschen sehr nah war und aktiv lebte. Das, was mich immer wieder abhielt um in meine Selbstliebe und starke göttliche Energie zu kommen, war mein Verstand und Ego.

Das Ego ist es, welches erkannt werden möchte, um sich in seine ganze Herzenergie zu begeben.

Das Ego ist es, welches uns stets sagt wie es nicht geht, was wir noch alles brauchen, was wir noch alles festhalten sollen, wie klein wir doch sind.

Es hindert uns daran und macht uns aus Verletzungen resultierend Angst in diese unabdingbare Liebe zu uns selbst und zu unseren Nächsten zu gehen.

Beispiel II:

Als ich vor einigen Jahren, in der Zeit meiner Trennung aus zweiter Ehe lebte, lernte ich einen zwei Jahre älteren Mann kennen, der kurz vor der Insolvenz stand. Er lebte in einer sich schon auflösenden Ehe mit einer Tochter. Da ich zu dieser Zeit viele Kontakte zu anderen Unternehmern hatte, vermittelte ich diesem Menschen eine Arbeit, die zu ihm passte. Ich war wie immer – ohne Erwartung – freute mich jedoch sehr über den positiven Arbeitsvertrag, den ich hier durch mein Tun vermitteln konnte.

Nach einigen Monaten stellte sich heraus, dass dieser Mann in vielen Segmenten seines Lebens doch starke Selbstlügen lebte. Und so kam es dazu, dass sich diese Selbstlügen auch in seiner Arbeitswelt wieder spiegelten und er somit diesen Arbeitsplatz verlor. Sein Ego verurteilte mich für sein Scheitern. Zu dieser Zeit war ich persönlich stark verletzt, jedoch habe ich mein Tun und Handeln aus dieser Situation nicht verändert. Ich habe weiterhin Menschen auf ihren Weg gebracht und weiter vermittelt.

Was zeigt uns dies in unserem Tun?

Es zeigt uns, wie weit wir in der Selbst- und Nächstenliebe leben oder nicht. Sie wird erst lebendig durch das, was uns der Nächste zeigt. Und genau dieser Nächste bringt uns weiter in diese Selbst- und Nächstenliebe. Sie können sie nur stets aktivieren und vor leben. Sie müssen es nur tun und keine Angst davor haben!

Diese Liebe ist „fühlbar", zu sich selbst als auch von anderen Menschen.

Diese Liebe berührt und bewegt Dich!

Auch in den einzelnen Themen der Sexualität können Sie diese Liebe fühlen! Als Pubertierende und Heranwachsende, waren wir auf dem Weg des Erkunden des anderen Geschlechts. Wir durften hier unsere ersten Erfahrungen machen und leben. Auch diese waren mit einem „Gefühl" verbunden. So sind diese Gefühle auch heute damit verbunden, was wir alles erleben durften.

Wenn Sie sich heute mit Ihrem Partner / Partnerin in der Sexualität verbinden, können Sie auch hier feststellen – welche Art der Verbindung, welche Energie zwischen zwei Menschen fließt.

Diese zwei unterschiedlichen Energieflüsse sind entweder „Trieb" verbunden mit „Lust und Leidenschaft" oder „LIEBE" auf allen Ebenen.

Die Liebe auf allen Ebenen zeigt nicht nur die gesamte Harmonie jedes Einzelnen, sondern auch die tiefe Verbundenheit in diesen Momenten des Lebens.

Stellen Sie für sich fest, dass Sie sich in der ersten Form der Verbindung befinden, überprüfen Sie Ihre innere Harmonie! Über Ihren Verstand können Sie schnell analysieren, wo Sie nicht in der göttlichen Ordnung mit sich selbst leben.

Harmonie kann man nicht erzwingen, man muss sich auf sie einlassen. Der Verstand und die gesellschaftlichen Normen erziehen uns zu diesem Leistungsdruck und des

Einzelkämpfer-Daseins. Hier werden die Erwartungen geprägt, wobei jeder Einzelne dazu in seiner Eigenverantwortung diese Prägungen filtern muss.

Auch in der Sexualität haben wir es mit Glaubenssätzen und Prägungen zu tun. Auch hier leben wir in Erwartungen und Erfüllungen. Diese können wir uns nur selbst erfüllen in dem wir uns „fühlen" - aus dem Herzen über den Körper „fühlen".

Menschen mit häufig wechselnden Partnern, suchen die Liebe die sie selbst nicht bei sich gefunden haben. Sie versuchen oftmals „krampfhaft" diese Liebe über den Körper zu erfahren. Hierzu nutzen sie das reichliche Angebot der heutigen Zeit und landen jedoch bis zu ihrer Erkenntnis immer wieder im Frust der nicht befriedigten „Herzliebe".

In vielen Gesprächen meiner Praxis durfte ich diese Erfahrungen mit nehmen. Da gab es Frauen, die jedes Wochenende auf einer anderen „gleichgesinnten Party" waren.

Die daraus resultierenden Kurzbeziehungen endeten wieder kehrend in der frustrierten „Einsamkeit".

Männer, die aus ihrer Ehe ausbrechen wollten und auf Erkundungstour gingen. Jedes Wochenende in einem anderen Tanztempel sich als „Der Charmeur" ausgaben und eine Erlöserin suchten, die sie aus ihrem Desaster heraus lösen sollte.

Es zeigte mir immer wieder, wie viele Menschen doch auf der Suche zu sich selbst und der damit verbundenen Liebe waren. Es zeigte mir auch, wo ich in diesen Momenten „meines Lebens" stand und wo meine Reise hingehen sollte.

Wir erinnern uns daran, dass wir stets den richtigen Partner / Partnerin an unserer Seite haben?!

Wenn wir uns gemeinsam in der Partnerschaft „entwickeln", können wir gemeinsam „wachsen". Wenn wir gemeinsam in der „Liebe" leben, können wir gemeinsam „Stürme" überleben.

Auch ich erlebte die „Achterbahnfahrten" in meinem Leben, da ich nicht in „Harmonie und Liebe" zu mir selbst stand.

Die ständige Unzufriedenheit sollte mir aufzeigen, mein Leben zu überarbeiten und in Harmonie zu bringen. Diese Harmonie ist nicht zu verwechseln mit der „Harmoniesucht" von der einige Menschen besessen sind. Denn die „Harmoniesucht" ist wiederum verbunden mit dem sich selbst verlieren, welches ich zu Beginn erklärte. Dieser Mensch sucht die Harmonie im Außen.

„Man macht es über Andere und vergisst sich selbst dabei".

Harmoniesucht ist auch oftmals gleich zu setzen mit dem SCHREI nach LIEBE und dem sich nicht streiten können. Nicht gleicher Meinung zu sein, ist für diese Menschen schon mit Liebesentzug und gleichzeitig nicht in Harmonie zu sein – verbunden.

Machen Sie sich bitte folgendes bewusst:

Der Ursprung aus dem wie alle sind ist „LIEBE"! Die Energie vor unserem Entstehen, während unseres Entstehens und bei der Geburt ist „LIEBE"! Das was Sie hier auf Mutter Erde empfangen und empfinden ist das, was Sie täglich dazu beitragen, nämlich „LIEBE"! Um in diese Harmonie zurückzukehren müssen Sie stets prüfen und sich im Außen anschauen, was Ihnen dort gespiegelt wird! An welchem Punkt der inneren Harmonie stehen Sie jetzt? Sitzen Sie in einem blühenden Rosengarten, auf einer bunten Blumenwiese oder ist es eher der verwachsenen undurchdringliche Wald.

Wir alle bekommen täglich die Signale dazu, was zu tun ist um wieder in das Gefühl der „Harmonie" und „Liebe" einzutreten und es in Fülle zu leben!

Alles, was wir zur Verfügung haben darf sein! Wir müssen nur wieder lernen und stets prüfen, in wie weit wir das Maß dazu überlasten!

Wenn wir auf unsere Kindheit zurückblicken und dies mit Kindern in der jetzigen Zeit vergleichen, ist es eine häufig zu erkennende Überflutung von Wissen und Möglichkeiten der Ablenkung im Außen. Dies ist die Ablenkung von der LIEBE.

Aggressionen, die wir bei Kindern häufig erleben dürfen, zeigen uns allein nur den Schrei nach „Liebe" und „Harmonie" und nicht mehr!

83

Wir reagieren jedoch oftmals völlig falsch, da wir noch selbst auf der Suche nach „Harmonie und Liebe" sind und uns immer wieder davon abwenden wenn sie da ist.

Auch in der so genannten Trotzphase eines Kleinkindes, oder in der pubertären Phase, sehen wir nur – wie sich dieser Mensch und sein Ego entwickeln möchte, weil wir es ihm so vorleben.

Wir haben jederzeit die Möglichkeit – dies zu erkennen und zu wandeln.

Da wo wir uns „fühlen", haben wir ein unangenehmes oder angenehmes Gefühl. Das angenehme Gefühl lebt mit der „Harmonie und Liebe" in und mit uns. Da wo wir uns unwohl fühlen, sollten wir nicht gleich weglaufen, sondern uns anschauen, was dieses Unbehagen uns zeigen und sagen will.

Wenn wir in „Liebe und Harmonie" sind und leben, kann uns auch „nichts" Negatives widerfahren.

Als ich mich zu Beginn meiner Berufung auf den Weg machte in die verschiedensten Bereiche der Esoterik und des Ganzheitlichen Geistigen Heilens, wurde ich immer wieder darauf hingewiesen, „Ich müsse mich schützen". Hierzu gab es Rituale, Heilsteine, Runen, Symbole und vieles mehr.

In den Momenten wo ich nicht authentisch mein Leben lebte, ließ ich mich dazu leiten dieses anzunehmen und auch teilweise zu integrieren.

Wenn Sie jedoch im Herzen, in der LIEBE sind und aus diesem leben und handeln, brauchen Sie sich nicht zu schützen. Sie müssen nur immer wieder aktiv und beobachtend durch Ihr Leben gehen und das Motiv des Anderen prüfen, mit welcher Schwingung er in Ihr Leben tritt.

Den größten Schutz den wir uns bewusst machen sollten ist der vor unserem eigenen Ego! Im Gesetz der „Anziehung" werden Sie immer wieder das Richtige in Ihr Leben einladen. Oftmals sind es die dazugehörigen Randpersonen, die mit minderen Motiven agieren und Ihnen evtl. Schaden zufügen wollen.

Bleiben Sie stets in „Harmonie und Liebe" zu sich selbst und fühlen Sie sich gut dabei! Ihr Gefühl ist das Beste was Sie als Wegweiser in Ihr Leben zurückholen können und leben müssen. Dieses innere Gefühl von „Harmonie und Liebe" ist eine Kraft, die Sie auf allen Ebenen „heilen" wird.

Heilung geschieht hier auf allen Ebenen gleichermaßen: Die Heilung durch die Liebe!

Der liebevolle Umgang mit sich selbst!

Diese Liebe ist in uns und sie ist göttlich. Dieses Samenkorn, dieser Funke in uns, dieses kleine Licht ist es – welches wieder strahlen und leuchten will.

Sie können dieses Licht, diese Liebe mit nichts anderem in Ihrem Leben ersetzen! Sie müssen die Liebe in sich wiederfinden, entfachen und leben!!!

Hierzu eine kleine Geschichte:

Es kam eine kranke Frau in eine Galerie, um sich einen Rahmen zu kaufen. Sie war gezeichnet von ihren Schicksalen der letzten Zeit.

Die Ladenbesitzerin sah diesen Zustand der Frau und sprach sie direkt darauf an. So erzählte sie von ihren Schicksalen.

Ihr Mann war erst im vergangenen Jahr verstorben. Sie war dadurch sehr einsam geworden und gerade noch hatte ihr der Hausarzt mitgeteilt, dass sie nun noch die Krankheit Krebs hat. Ihre Seele zeichnete zeitgleich ihr Gesicht mit einer starken Neurodermitis aus.

Die Ladeneigentümerin handelte aus ihrer „Liebe", indem sie sofort ihre Hilfe anbot. Sie gab der kranken Frau eine Kombination von naturbelassenen Gesundheitsprodukten und liebevolle Worte, die sie aus der Einsamkeit holte.

Schon zwei Tage später waren die nässelnden Stellen im Gesicht ausgetrocknet und ihr Gesamtzustand lebensfroh.

Nun kann man sagen, die Heilung erfolgte durch die Gesundheitsprodukte die sie in einer hohen Dosis zu sich nahm.

Ich jedoch sage Ihnen – es war die „LIEBE" die sie von der Ladenbesitzerin empfing, die sie zurückführte in ihr bisher gelebtes Leben.

Und so sind wir alle immer wieder aufgerufen in die Liebe zu gehen, damit wir diese Liebe in vollem Umfang empfangen können. Dabei bleibt wie hier erzählt, der eigentliche geschäftliche Aspekt immer im Hintergrund. Dieser Aspekt wird über einen weiteren Weg befriedigt. Wenn wir jedoch immer wieder in dem Glauben und Handeln der materiellen Dinge sind, erfahren wir diese Selbstliebe und Nächstenliebe nicht. Wir können die Liebe mit nichts anderem leben und befriedigen als mit der Liebe zu uns selbst. Erst dann sind diese Handlungen der NÄCHSTENLIEBE möglich und im Einklang der Harmonie.

Es war kurz vor Weihnachten und ich ging mit meiner Lebensgefährtin und meiner Tochter auf den Weihnachtsmarkt in Hameln. Zu dieser Zeit war ich gerade in meiner Existenzgründung und hatte außer Schulden nichts Materielles im Überfluss. Auf dem Weg dorthin saß in einer Unterführung ein musizierender Mann aus Russland mit einem Schild auf dem stand: Ich brauche Kinderkleidung!

Als ich dies las, dachte ich sofort darüber nach.

Ich hatte aber keine Kinderkleidung und so ging ich an ihm vorbei. Nach einigen Metern hielt ich an und ging zurück um ihm meine letzten zwei Euro zu geben. Ich fühlte mich sehr gut dabei!

Als wir dann so weiter gingen, beobachtete ich die anderen Menschen, die mit gefüllten Einkaufstaschen an ihm vorbei

*gingen. Meine inneren Gefühle fuhren Achterbahn. Ich hätte
schreien können.*

*Als wir Stunden später wieder durch diese Unterführung
gingen, saß der Musiker immer noch dort und als er uns sah,
bedankte er sich nochmals bei mir.*

„Nächstenliebe"

*Sie wissen nie, ob Sie einmal selbst in diese Situation des
Lernen kommen!*

„Harmonie"

*Ich war in meinem inneren Gleichgewicht, trotz meiner
gegenwärtigen finanziellen Gedankenmuster!*

„Liebe"

*Ich sah die liebevollen Augen und fühlte die Dankbarkeit des
Mannes! Und so leben wir in der Wiederholung unserer
Lernaufgaben, die wir in diesem Leben zu erfüllen und zu
meistern haben. Machen wir uns dies stets bewusst, sind wir
im Fluss unseres Lebens. Die Leichtigkeit der Liebe, erfahren
wir stets, wenn wir in Harmonie mit uns und unserer Umwelt
sind. So sind wir auch mit allen Lebewesen in unserem
Umfeld verbunden. Sei es der Hund, die Katze, das Pferd oder
der Baum, die Blume...*

Alles zeigt uns unsere Liebe und Harmonie!

ENDE

„SPIRITUELLE ANTWORTEN AUF ALLE PROBLEME"

Es ist ganz gleich wie Sie aufgewachsen sind, wie Sie erzogen worden sind und was Sie denken und glauben. Es gibt viele Antworten aus dem Verstand, aus Ihrem persönlichen Umfeld, aus der Gesellschaft.

Es gibt sieben kosmische Gesetze, die jeden von uns in diesem gesamten Leben begleiten. Und auch für die Menschen weiterhin entscheidend sind, die an das Leben nach dem Tod glauben.

1.   Das Gesetz des Geistes

Alles ist Geist. Die Quelle des Lebens ist unendlicher Schöpfergeist. Die Schöpfung ist mental und der Geist herrscht über Materie. Das Bewusstsein bestimmt das SEIN. Gedanken schaffen und verändern. Entscheidend sind reine Schöpferkraft. Die Vorstellung schafft im Visualisieren. Entscheidend ist dabei die Intensität des inneren Wünschens und Sehnens. Und wie Gottes Wort erschafft hat, erschafft auch unser Wort, da Gott in uns ist. Dieses Wort ist die Tat unserer Gedankenmuster.

Jeder Mensch kann darum jederzeit aus der Unwissenheit, in das Wissen des Lebens eintreten und bewusst das Erbe der Vollkommenheit des Menschen und der Schöpfung annehmen und dadurch seine alte Welt und Gedankenmuster in eine andere neu erschaffen.

Achte auf Deine Gedanken – sie können schaffen und zerstören! Sei Dir dabei Deiner alleinigen Verantwortung bewusst! Welche Gedanken und Worte kommen aus Dir? Was schaffst Du daraus?

2. Das Gesetz von Ursache und Wirkung (Karma)

Jede Ursache hat seine Wirkung und jede Wirkung hat eine Ursache. Jede Aktion erzeugt eine bestimmte Energie, die mit gleicher Intensität zum Sender zurückkehrt.

Die Wirkung entspricht der Ursache in Qualität und Quantität. Gleiches muss Gleiches erzeugen – Aktion = Reaktion.

Dabei kann die Ursache auf vielen Ebenen liegen. Alles geschieht in Übereinstimmung mit der Gesetzmäßigkeit. Jeder Mensch ist Schöpfer, Träger und Überwinder seines eigenen Schicksals. Jeder Gedanke, jedes Gefühl, jede Tat ist eine Ursache und Wirkung, die viele Jahrtausende und Existenzen auseinander liegen können. Glück und Zufall sind nur Bezeichnungen für das noch nicht erkannte Gesetz.

Warum hast Du bestimmte Eigenschaften?

Woher kommen Deine Verhaltensmuster?

Bedenke bei all Deinem Denken, Fühlen und Handeln, die jeweilige Wirkung.

Entferne Dich von Hass, Wut, Angst und allem Negativen und öffne Dich der bedingungslosen Liebe. Du allein bist für Dich selbst verantwortlich. Du bist allein in dieses Leben eingetreten und wirst dieses Leben allein beenden.

3. Das Gesetz der Entsprechung (Analogie)

- *Wie oben – so unten, wie unten – so oben.*

- *Wie innen – so außen, wie außen so innen.*

- *Wie im Großen – so im Kleinen.*

Für alles, was es auf der Welt gibt, gibt es auf jeder Ebene des Daseins eine Entsprechung. Du kannst daher das Große im Kleinen und das Kleine im Großen erkennen. Wie Du innerlich bist, so erlebst Du Deine Außenwelt und in Deiner Außenwelt erkennst Du Dich selbst. Dein Spiegelbild!

Wenn Du Dich veränderst, verändert sich alles um Dich herum.

4. Das Gesetz der Resonanz (Anziehungskraft)

Gleiches zieht Gleiches an und wird durch Gleiches verstärkt. Ungleiches stößt einander ab. Dein persönliches Verhalten bestimmt Deine persönlichen Verhältnisse und Deine gesamten Lebensumstände.

Negatives zieht somit auch Negatives an. Angst zieht Angst an, Hass zieht Hass an, Sucht zieht Sucht an und wenn wir uns verändern, ziehen uns diese Veränderungen an.

Im Fall der negativen Spirale nach unten werden wir uns in Krankheiten wie Depressionen, Burn Out und Krebs wiederfinden. Bei Verzweiflung, wie Unglück, Arbeitslosigkeit usw. bis hin zum Tod.

5. Das Gesetz der Harmonie (Ausgleich)

Wir sind mit der Energie „Liebe und Harmonie" geboren worden. Der Fluss allen Lebens heißt Harmonie. Alles strebt zur Harmonie, zum Ausgleich.

Das Stärkere bestimmt das Schwächere und gleicht es an.

Das Leben besteht aus dem harmonischen Miteinander, dem Geben und Nehmen, die in dieser Schöpfung wirken.

Durch Horten und Festhalten entsteht ein Stau und verursacht Krankheiten bis hin zum Tod und lässt somit nichts Neues in unser Leben.

Das Leben unterstützt das, was Leben fördert und was immer den Lebensfluss blockiert, wird geschwächt und muss gehen, weil es das Leben selbst behindert und in Frage stellt.

Leben ist ein gegenseitiger Austausch immer währender Bewegung. Verschiedene Wirkungen gleichen sich somit immer aus, so dass so schnell wie möglich, wieder Harmonie und Ausgleich hergestellt wird.

Das Leben ist ein ständiges Geben und Nehmen und damit lebt das Universum durch einen dynamischen Ausgleich in Leichtigkeit von „Harmonie und Liebe".

Geben und Nehmen sind verschiedene Aspekte des kosmischen Energiestromes. Indem wir das geben was wir suchen, lassen wir den Überfluss in unser Leben.

Indem wir „Harmonie und Liebe" und „Freude" geben, erschaffen wir in unserem Leben „Glück – Erfolg – und Fülle".

Von der Fülle des Lebens bekommt man nur soviel, wie man sich selbst der Fülle gegenüber öffnen kann!

Der Mensch öffnet sich, indem er alle bewussten und unbewussten Gedanken an Mangel und Begrenzungen in sich auflöst. Sich von allen alten Begrenzungen und Glaubensmustern trennt und Neues und Unbegrenztes in sich einlässt.

6. Das Gesetz der Schwingung (Rhythmus)

Alles schwingt, alles ist in Bewegung und alles fließt hinein und wieder hinaus. Alles besitzt seine Gezeiten, alles steigt und fällt. Alles ist Energie.

Alles was starr ist und unbeweglich, wird zerbrechen oder zerstört. Nichts bleibt stehen, da alles in Bewegung ist. Es ist wie die Musik, die uns belebt, fröhlich macht oder nachdenklich und auch zum Weinen bringt. Alles gibt seine eigenen Schwingung seinen individuellen Rhythmus. Überwinde die Starrheit in Dir und lebe Flexibilität.

7. Das Gesetz der Polarität und der Sexualität (Geschlechtlichkeit)

Alles besitzt zwei Pole. Alles besitzt ein Paar von Gegensätzen. Gleich und Ungleich sind dasselbe und Gegensätze sind ihrem Wesen nach identisch.

Nur in den niedrig schwingenden Welten, wie in der 3. Dimension, tragen Aspekte als „Gegensätze" entgegengesetzte Vorzeichen und haben unterschiedliche Schwingungsfrequenzen.

Der menschliche Verstand ist dreidimensional orientiert und darum erscheint ihre Gleichheit dem polaren Denken paradox. Aber jedes Paradoxon soll in den Einklang gebracht werden, in die Mitte, denn nur so können wir uns unserer Wahrheit nähern. Tun wir das nicht, können wir nur Halbwahrheiten leben und erleben. Wir können die Wahrheit nicht verstehen.

Wenn wir die Einheit von allem wieder erkennen, können wir die „Bedingungslose Liebe" wieder leben!

*Das hauptsächliche Lernziel auf der Erde ist die
„Bedingungslose Liebe". Wenn wir diese Liebe leben
verabschieden wir uns aus der Polarität!*

*Sexualität oder Geschlechtlichkeit, ist in allem und ist
gleichzeitig Einheit.*

*Geschlechtlichkeit manifestiert sich auf allen Ebenen. Alles
besitzt männliche und weibliche Elemente bzw. Energie. Alles
ist männlich und weiblich zugleich. Geschlechtlichkeit drängt
zur Einheit. Die Nicht-Polare Einheit enthält das männliche
und das weibliche Prinzip. Wie bei Dir sind männlich und
weibliche Aspekte vereint. Du unterscheidest Dich im Äußeren
nur in der Geschlechtlichkeit. Somit sein in Deiner Mitte, im
inneren Gleichgewicht und sei Eins mit Dir.*

ENDE

„HARMONIE UND LIEBE, LEBENSSINN UND GLÜCK"

In Harmonie mit sich selbst und der Umwelt haben wir nun in den vorhergehenden Kapiteln erfahren.

Kein Mensch ist eine Insel und Niemand ist in Einsamkeit geboren. Der Mensch ist ein duales Wesen und damit gehören immer zwei Menschen zusammen.

Doch dauerhafte und traute Zweisamkeit ist unter den heutigen Lebensumständen nicht immer möglich. Wir leben in großen Gemeinschaften, in denen wir uns anpassen und funktionieren müssen, um überleben zu können.

Wäre es dann nicht logisch, mit der Natur und mit anderen Menschen harmonisch umzugehen?

Auch wenn es manchmal schwierig ist, denn es gibt nun mal Menschen, mit denen wir nicht können und eine Natur, die wir zerstören.

„Nimm die Menschen so, wie sie sind. Es gibt keine anderen!" Pflege mitmenschliche Beziehungen. Zuerst im engsten Kreise der Menschen mit denen Du täglich zu tun hast. Dies ist Deine eigene Familie. Hierzu gehört jedes Familienmitglied und natürlich auch Du. Dann erweitere den Kreis auf Freunde und Bekannte in Beruf und Freizeit.

Jeder von ihnen hat seine individuellen Prägungen und Mitteilungen zu machen. Höre auch ihnen genau hin, was sie Dir zu sagen haben. Es ist schlimm, nicht gehört zu werden und nicht so angenommen zu werden, wie man ist. Dies gilt natürlich für jeden Menschen. Alles, was gesagt werden will, ist für jeden Einzelnen von uns wichtig, auch für Dich!

Suche neue Kontakte zu Menschen, die ähnliche Eigenschaften und Interessen haben wie Du. Je mehr solcher Menschen Du kennst, um so größer wird der Kreis derer, mit denen Du in „Harmonie und Liebe" ein weiteres Stück Deines Lebens gehen kannst.

Übe Dich in den verschiedensten Kommunikationstechniken und öffne Dich für die Psychologie. Wir sind alle Hobbypsychologen und um so mehr Du weißt und übst, um so mehr erleichtert es Dich, ein Verständnis für andere Menschen zu entwickeln und Disharmonie erst gar nicht aufkommen zu lassen.

Übe Dich in Achtsamkeit und Empatie. Versuche aus den Augen des Anderen zu sehen und zu gehen. Du erkennst hier Selbst- und Fremdbild. Achte auf Dein Gefühl bei ausgespochenen und unausgesprochenen Wünschen, Gefühlen und Worten anderer Menschen und Dir selbst.

Bei Menschen die Du gut kennst, mache Gebrauch von Deinem positiven Einfluss auf sie. Er wird sich als dankbar erweisen und es wird positiv auf Dich zurück kommen.

Versuche bestehende Rivalitäten und Missstände aufzulösen. Sie hindern Dich dabei positiv weiter zu gehen. Der Klügere gibt nach und so manche scheinbare Niederlage, entpuppt sich plötzlich zu einem großen Sieg.

Erlebe und genieße die Natur, sie wird Dir vieles zeigen und Du wirst sie anfangen zu lieben.

Versuche mit allem Eins zu werden, um so in das Gefühl von „Harmonie und Liebe" zu kommen. Erzwinge nichts. Alles kommt so, wie Du es für Dich in Deinen Gedanken kreiert hast.

In unserer Gesellschaft trennen wir die verschiedenen Lebensbereiche streng von einander ab. Wenn wir krank werden, gehen wir zum Arzt, der uns medizinisch das gibt, um wieder gesund zu werden.

Wir sagen unsere Fitness hat nichts mit unserer Beziehung zu tun, sowie unser psychischer Zustand nichts mit unserer Kreativität oder Gesundheit zu tun hat. Wir haben schon lange in uns die Einzel-Symptom-Betrachtung verankert, dass uns gar nicht mehr auffällt, wie unsere Beziehungen und Unzufriedenheit in Krankheiten oder Depressionen verlaufen. Wir leben in Disharmonie mit uns und unserer Umwelt.

Das ist falsch!

Wenn wir unsere Lebensbereiche so weit trennen, geht die „Harmonie und Liebe" in unserem Leben verloren, denn die einzelnen Bereiche sollten idealerweise ineinander übergehen, um so als Ganzes zu „Harmonie und Liebe" führen.

Dein Ziel sollte es sein, negative Gedankenmuster und destruktive Gegenläufigkeiten in den verschiedenen Lebensbereichen zu vermeiden und diese „positiv" aufeinander abzustimmen, so das sie sich gegenseitig harmonisch unterstützen.

Tue das, was Dir gut tut und erlebe das, was Dir Freude bringt! Harmonie duldet keine Widersprüche und daher ist die Trennung der verschiedenen Bereiche Deines Lebens nur eine Illusion! Alles ist eins oder glaubst Du, dass Du in Deinem Job gute Arbeit leisten kannst wenn Du zu Hause Beziehungsprobleme hast?

Aus meinen Erfahrungen nicht!

Harmonisch lebende Menschen lieben das, was sie tun in allen Bereichen ihres Lebens. In der Familie, im Beruf und in der Freizeit. Stimmt das eigene Parameter der „Harmonie" in sich selbst, so stimmt es auch im Außen.

Wenn Du innerlich zufrieden bist, wirst Du auch im Beruf zufrieden sein und so zieht sich der rote Faden in alle Bereiche Deines Lebens.

Harmonie ist Ausgewogenheit.

Eine Beziehung funktioniert nur dann langfristig, wenn Autonomie und Bindung, Nähe und Distanz ausgeglichen sind. Paare wissen oft nicht, dass es unter der Oberfläche der nach außen dargestellten Harmonie, gärt. Reibung erzeugt bekanntlich Hitze. In vielen Beziehungen wird wenig über die Beziehung und den damit verbundenen Gefühlen gesprochen. Die Hauptthemen sind Geld und Kinder, selten die eigene Beziehung. Somit sollten wir lernen, mehr über unsere Beziehung zu sprechen. Über das was für uns gut ist und das, was wir besser machen können.

Wichtig sind persönliche Freiräume, Rückzugsräume. Das muss keine Abwendung vom Partner bedeuten. Es geht darum, dass jeder seine eigene Persönlichkeit behält und so wahrgenommen und behandelt wird wie er/sie ist. Dies ist nicht nur für die Persönlichkeitsentwicklung jedes Einzelnen von großer Bedeutung, hier zählen auch die unterschiedlichen Erfahrungen die wir als Einzelperson machen und somit die Beziehung bereichern.

Denn auch in vielen Beziehungen findet eine negative Manipulation statt, die oftmals einen schleichenden Prozess angenommen hat, die dann oftmals zu Trennungen führt. Um dies zu vermeiden brauchen wir die individuellen Ruhepausen und kommen uns selbst wieder nah und haben damit einen klaren Blick für das Ganze.

Die Harmonie in den unterschiedlichen Generationen ist lang her in diesem Land. Die Großfamilie mit den Großeltern, Urgroßeltern, alle wohnten unter einem Dach. Eine

Großfamilie aus der guten alten Zeit. Früher ganz selbstverständlich, hier hat jeder von jedem gelernt und viele gute Dinge mit übernommen. Kinder profitierten besonders davon, da sie immer einen familiären Ansprechpartner hatten. Das Vertrauen innerhalb der Familie war die Basis von allem und jeder konnte über seine Sorgen sprechen.

Heute sorgen wir für viele Kindertagesstätten, in denen mittlerweile Kinder im Alter von sechs Monaten abgegeben werden, da der Familienzusammenhalt oftmals nicht mehr gegeben ist und alte Strukturen nicht mehr existieren.

Zu beobachten ist auch die Entfremdung innerhalb der Familienstrukturen, zum Teil durch Scheidungen, die ja seit Jahren steigend sind.

Die Kinder und Jugendlichen verspüren und kennen oftmals diese Harmonie und den Zusammenhalt nicht mehr. Sie sind auf sich allein gestellt und sehen oft keine Perspektiven mehr in diesem Leben. Dies zeigte sich auch in meiner eigenen Familie.

Auf Grund meiner Trennung zu meiner zweiten Frau, als meine Tochter fünf Jahre alt war, zerbrach das Vertrauen in diesem jungen Menschen. Schuldgefühle des Kindes kamen auf. Manipulation im negativen Sinne fand statt in dessen Umfeld. Bis letztendlich über einen Zeitraum von fünf Jahren, der Kontakt völlig abbrach. Der Hintergrund hierzu waren meine wirtschaftlichen Verhältnisse, die durch eine Arbeitslosigkeit völlig aufgebraucht waren.

Das Ergebnis aus der Disharmonie zwischen den Elternteilen war, dass sich meine Tochter im Alter von fast dreizehn Jahren ritzte, um auf die eigene Disharmonie aufmerksam zu machen.

Ein Einzelfall? Nein!

Der Trend unserer heutigen Gesellschaft ist dahingehend steigend.

Die Psychologen und Heilanstalten können den Bedarf nicht mehr decken und die Wartezeiten sind lang.

Es ist die Aufgabe sich in „Harmonie und Liebe" zurück zu finden. In den Zustand der inneren Zufriedenheit und der Selbstliebe zu gelangen.

Für sich selbst den Lebenssinn zu finden und auch klar zu definieren. Denn nur so können wir wieder glücklich sein.

Über die moderne Kommunikationstechnik haben wir die Möglichkeiten, weltweite Kontakte zu knüpfen, jedoch das Gefühl bekommen wir nicht durch den Computer vermittelt.

Ich konnte oftmals beobachten, wie meine zwei Töchter mit mir über Email oder SMS kommunizierten. Ein Gefühl war hierbei nicht zu spüren. Nein. Sehr häufig kam es zu Missverständnissen, da bekanntlich heute viele Abkürzungen in dieser Art der Kommunikation verwendet werden.

Es ist auch fatal, wenn eine Harmonie erzwungen wird. Wie z.B. zu einem festen und wiederkehrenden Zeitpunkt, wie Weihnachten, Ostern, Geburtstage usw.

Ich sehe hier immer wieder die Sehnsucht meiner Mutter: Und es möge jeden Tag ein harmonisches Weihnachten sein.

Wir müssen, wir müssen, wir müssen...

Was müssen wir?

Besinnung, Ruhe, Innehalten um in seine Mitte zu gelangen.

Sich nicht mehr ablenken zu lassen, durch den Überfluss in allen Bereichen denen wir begegnen.

Wenn wir diesen Überfluss an Harmonie und Liebe leben würden, hätten wir dieses Paradies auf Erden, welches wir uns so sehr wünschen!

E N D E

„ATEMTECHNIK UND ÜBUNGEN"

Auf den nun folgenden Seiten gebe ich Ihnen zu den
verschiedenen Sein-Zuständen Partnerübungen an die Hand,
durch die Sie verschiedene Möglichkeiten erhalten. zu sich
selbst und Ihrer eigenen Wahrheit und dem damit
verbundenen Urvertrauen zu gelangen.

Es handelt sich hierbei um Partnerübungen, in denen Sie
auch die Beziehung zu Ihrem Partner/in vertiefen werden.
Lassen Sie sich viel Zeit und geben Sie sich gegenseitig den
Raum um zu erkennen, zu fühlen und wahrzunehmen, was
der jeweilig Andere aufnimmt und erlebt.

Sie lernen Ihre Atmung kennen, Sie erreichen Entspannung,
Sie entwickeln Urvertrauen, Sie öffnen sich für die
Selbstbegegnung und erleben den Ozean der Liebe.

Je häufiger Sie diese Übungen mit Ihrem Partner/in
ausführen, um so intensiver werden Sie die jeweiligen
Momente mit sich selbst erleben und so die innere Balance in
Harmonie und Liebe mit sich herstellen.

Nehmen Sie die Wahrnehmungen aus den Übungen, in den
danach geführten Gesprächen mit Ihrem Partner/in, ohne
Beurteilung und Wertung für Sie auf!

Leitfaden

Bevor Sie mit Ihrem Partner/in die Übung beginnen, machen Sie ein Zeichen (z.B. JA) aus, damit die führende Person weiß, wann Sie bereit sind die jeweiligen Schritte zu durchleben. Legen Sie sich bequem auf eine Unterlage, auf der Sie sich wohl fühlen und stellen Sie alles ab, was Sie in irgendeiner Form stören würde.

Die Sie führende Person, kann sich während der Übung schriftlich Notizen machen, um die Ereignisse im Nachgespräch geordnet wiedergeben zu können.

Die führende Person geht in den jeweiligen Abschnitten der Übung, konzentriert die jeweiligen Punkte – beginnend bei eins ab und wartet das Zeichen der liegenden Person ab.

Übung 1:

„Entspannung und sich Raum geben"
(Partnerübung) EINSTIMMUNG (Zeichen abmachen „ja")

1. *Atme bewusst tief und ruhig in Dein Herz ein und aus.*

2. *Nimm Dir Zeit, Deinen Körper von innen zu spüren.*

3. *Was nimmst Du in Deinem Körper wahr?*

4. *Nimm Dir Zeit, all dem in Dir Raum zu geben.*

5. *Fühlst Du Dich bereit für den nächsten Schritt?*

HINGABE an die MUTTER Erde

1. *Fühle die Erde unter Dir und erlebe, wie sie Deinen Körper trägt.*

2. *Schenke das Gewicht Deines Körpers ganz der Erde.*

3. *Wie erlebst Du dies?*

4. *Nimm Dir Zeit, all dem in Dir Raum zu geben.*

5. *Fühlst Du Dich bereit für den nächsten Schritt?*

INTEGRATION

1. *Sei Dir Deines Atems bewusst.*

2. *Was erlebst Du jetzt?*

3. *Öffne Dich diesem Erleben und gib allem in Dir grenzenlos Raum.*
   (Sollte noch keine Entspannung erfolgt sein, wiederhole die Schritte 1-2)

4. *Was nimmst Du aus dieser Erfahrung mit in Dein Leben?*

5. *Wenn Du magst, nimm Dir noch etwas Zeit, um in Deinem inneren Erleben zu verweilen.*

ENDE

Übung 2:

„Entspannung und Urvertrauen"
(Partnerübung) EINSTIMMUNG (Zeichen abmachen „ja")

1. Atme bewusst tief und ruhig in Dein Herz ein und aus.

2. Fühle Deinen Körper und fülle ihn mit Deinem Bewusstseins.

3. Wie erlebst Du dies?

4. Fühlst Du Dich bereit für den nächsten Schritt?

HINGABE an die MUTTER Erde

1. Fühle die Erde unter Dir und erlebe, wie sie Deinen Körper trägt.

2. Schenke das Gewicht Deines Körpers ganz der Erde.

3. Wie erlebst Du dies?

4. Fühlst Du Dich bereit für den nächsten Schritt?

ÖFFNUNG für den VATER – das Universum

1. *Gewinne einen Eindruck von der Unendlichkeit des Raumes über Dir und zu allen Seiten.*

2. *Öffne Dich dieser grenzenlosen Weite.*

3. *Schenke Dir und Deinem Leben diese Grenzenlosigkeit.*

4. *Wie erlebst Du dies?*

INTEGRATION

1. *Sei Dir Deines Atems bewusst.*

2. *Was erlebst Du jetzt?*

3. *Öffne Dich diesem Erleben und gibt allem in Dir grenzenlos Raum.*
   (Sollte noch keine Entspannung erfolgt sein, wiederhole Schritt 1-2)

4. *Was nimmst Du aus dieser Erfahrung mit in Dein Leben?*

5. *Wenn Du magst, nimm Dir noch etwas Zeit, um in Deinem inneren Erleben zu verweilen.*

ENDE

Übung 3:

„Öffnung für die Selbstbegegnung" Teil 1
(Partnerübung) EINSTIMMUNG (Zeichen abmachen „ja")

1. *Atme bewusst tief und ruhig in Dein Herz ein und aus.*

2. *Nimm Dir Zeit, Deinen Körper von innen zu spüren.*

3. *Wie nimmst Du Deinen Körper wahr?*

4. *Nimm Dir Zeit, all dem in Dir Raum zu geben.*

5. *Fühlst du Dich bereit für den nächsten Schritt?*

HINGABE an die MUTTER Erde

1. *Fühle die Erde unter Dir und erlebe, wie sie Deinen Körper trägt.*

2. *Schenke das Gewicht Deines Körpers ganz der Erde.*

3. *Wie erlebst Du dies?*

4. *Nimm Dir Zeit, all dem in Dir Raum zu geben.*

5. *Fühlst Du Dich bereit für den nächsten Schritt?*

SELBSTBEGEGNUNG

1. Gibt es etwas, dass Dich jetzt in Deinem Leben beschäftigt?

2. Welche Gefühle und Empfindungen löst dies in Dir aus?

3. Fühle und erlebe, wie sich dies jetzt in Deinem Körper zeigt.

4. Atme tief und entspannt dort hin.

5. Öffne Dich allem, was Du jetzt erlebst. Lasse Dich ganz darauf ein.

6. Gib allem grenzenlos Raum (an dieser Stelle ist es wichtig, viel Raum für das innere Erleben zu geben. Dazu können die Impulse aus 3-5 immer wieder gegeben werden.

INTEGRATION

1. Sei Dir Deines Atems bewusst.

2. Was erlebst Du jetzt?
   (Falls hier noch etwas Problematisches oder Begrenztes
   erlebt wird, ist es möglich, noch einmal auf die
   vorherigen Punkte 3-5 zurück zu gehen.)

3. Was nimmst Du aus dieser Erfahrung mit in Dein
   Leben?

4. Was tut Dir jetzt gut?

ENDE

Übung 4:

„Öffnung für die Selbstbegegnung" Teil 2
(Partnerübung) EINSTIMMUNG (Zeichen abmachen „ja")

1. Atme bewusst tief und ruhig in Dein Herz ein und aus.

2. Nimm Dir Zeit, Deinen Körper von innen zu spüren.

3. Wie nimmst Du Deinen Körper wahr?

4. Nimm Dir Zeit, all dem in Dir Raum zu geben.

5. Fühlst du Dich bereit für den nächsten Schritt?

HINGABE an die MUTTER Erde

1. *Fühle die Erde unter Dir und erlebe, wie sie Deinen Körper trägt.*

2. *Schenke das Gewicht Deines Körpers ganz der Erde.*

3. *Wie erlebst Du dies?*

4. *Nimm Dir Zeit, all dem in Dir Raum zu geben.*

5. *Fühlst Du Dich bereit für den nächsten Schritt?*

SELBSTBEGEGNUNG

1. *Nimm Dir Zeit, Dich Dir selbst tief zu öffnen.*

2. *Wie erlebst Du dies jetzt?*

3. *Gib dem Raum, in dem Du sanft und entspannt in dieses Erleben hinein atmest.*

4. *Wohin führt es Dich, wenn Du Dich dem Ganzen öffnest?*

Sollten Sie nicht in diese Bewusstseinsqualität kommen, gehen Sie wie folgt vor:

1. *Nimm Dir Zeit, Deinen Körper von innen zu spüren.*

2. *Wie nimmst Du Deinen Körper wahr?*

3. *Gib dem Raum, in dem Du sanft und entspannt in diese Körperzone hinein atmest.*

4. *Was erlebst du jetzt?*

INTEGRATION

1. *Sei Dir Deines Atems bewusst.*

2. *Was erlebst Du jetzt?*
   (Falls hier noch etwas Problematisches oder Begrenztes erlebt wird, ist es möglich die Punkte 3-5 noch einmal zu durchlaufen)

3. *Was nimmst Du aus dieser Erfahrung mit in Dein Leben?*

4. *Was tut Dir jetzt gut?*

E N D E

Übung 5:

„Öffnung für die Selbstbegegnung" Teil 3
(Partnerübung) EINSTIMMUNG (Zeichen abmachen „ja")

1. *Atme bewusst tief und ruhig in Dein Herz ein und aus.*

2. *Nimm Dir Zeit, Deinen Körper von innen zu spüren.*

3. *Wie nimmst Du Deinen Körper wahr?*

4. *Nimm Dir Zeit, all dem in Dir Raum zu geben.*

5. *Fühlst du Dich bereit für den nächsten Schritt?*

HINGABE an die MUTTER Erde

1. Fühle die Erde unter Dir und erlebe, wie sie Deinen Körper trägt.

2. Schenke das Gewicht Deines Körpers ganz der Erde.

3. Wie erlebst Du dies?

4. Nimm Dir Zeit, all dem in Dir Raum zu geben.

5. Fühlst Du Dich bereit für den nächsten Schritt?

SELBSTBEGEGNUNG

1. Gibt es etwas, dass Dich jetzt in Deinem Leben beschäftigt?

2. Welche Gefühle und Empfindungen löst dies in Dir aus?

3. Fühle und erlebe, wie sich dies jetzt in Deinem Körper zeigt und teile es mir mit.

4. Gehe bewusst wahrnehmend ganz dort hinein. Atme und entspanne sanft dort hin.

5. Öffne Dich diesen Empfindungen und Gefühlen. Lasse Dich ganz darauf ein.

6. Gib allem grenzenlos Raum (an dieser Stelle ist es wichtig, viel Raum für das innere Erleben zu geben. Dazu kannst Du immer wieder den Impuls geben.

INTEGRATION

1. Sei Dir Deines Atems bewusst.

2. Was erlebst Du jetzt?

3. Was nimmst Du aus dieser Erfahrung mit in Dein Leben? Botschaften der inneren Wahrheit...

4. Wenn Du magst, nimm Dir noch etwas Zeit , um in Deinem inneren Erleben zu verweilen.

E N D E

Übung 6:

„BEFREIUNG DER INNEREN WEISHEIT"
(Partnerübung) EINHEIT mit Atem und Körper (Zeichen abmachen"ja")

1. *Atme bewusst tief und ruhig ein und aus.*

2. *Erlebe bewusst die Einheit mit Deinem Atem.*

3. *Wie erlebst Du diese Einheit?*

4. *Fühle Deinen Körper und nimm ihn von innen her wahr.*

5. *Erlebe bewusst die Einheit mit Deinem Körper.*

6. *Wie erlebst Du diese Einheit?*

7. *Fühlst Du Dich bereit für den nächsten Schritt?*

Die zugrunde liegende ANGST

1. Gibt es etwas, worunter Du leidest?
   (Zeit und Raum geben, um das Leid mitzuteilen.)

2. Welche Angst / Schmerz liegt dem allen zugrunde?

3. Bist Du bereit, dieser Angst / Schmerz jetzt tiefer zu
   begegnen?
   (Aktuelles Thema ansprechen.)

Sollte bei Punkt 3 ein „Nein" kommen, ist eine dreimalige
Wiederholung der Punkte 1-2 möglich!

Finde einen oder mehrere Bereiche, von denen Du befreit
werden möchtest und lasse diese Themen mit in diese Übung
einfließen.

Das kann folgendes sein:

Es gibt etwas in meinem Leben, ...

was mir manchmal schmerzhaft fehlt

was mich belastet und unfrei macht

was mir Angst macht oder Sorgen bereitet

was ich ablehne oder wogegen ich kämpfe...

TIEFE BEGEGNUNG (Bei allen Schritten reichlich Raum geben)

1. Wie zeigt sich die Angst/Schmerz in Deinem Körper?

2. Öffne Dich bewusst atmend diesem Erleben, bis alles in Dir Raum hat und willkommen ist. (Zeit lassen.)

3. Welche Gedanken und Bewertungen gehen aus diesen Gefühlen hervor?

4. Öffne Dich bewusst atmend diesem Erleben, bis alles in Dir Raum hat und willkommen ist.

5. Wovor sollten Dich diese Emotionen und Gedanken schützen?

6. Wie verursacht dieses Leiden, Dein Leben?

7. Bist Du bereit für den nächsten Schritt?

JENSEITS von BEWERTUNGEN

1. *Erlebe wieder bewusst die Einheit mit Deinem Atem und Körper.*

2. *Entspanne mehr und mehr in den Raum, jenseits aller Emotionen und Gedanken.*

3. *Was ist jetzt, wenn alle Bewertungen abwesend sind? (Der Partner bekommt reichlich Raum, dies mitzuteilen und zu erleben. Bei vollkommener Entspannung, kann hier die Übung beendet werden) = Freiheit!*

INTEGRATION

1. *Sei Dir Deines Atems bewusst.*

2. *Was erlebst Du jetzt?*

3. *Was nimmst Du aus dieser Erfahrung mit in Dein Leben?*

4. *Was tut Dir jetzt gut?*

ENDE

Übung 7:

„Vollkommene Präsenz"
EBENE des VERSTANDES (Zeichen abmachen „ja")

1. Verbinde Dich mit Deinem Kopf und der Ebene des
   Denkens.

2. Wie erlebst Du jetzt Deine Gedankentätigkeit?

3. Bist Du bereit für die folgenden Sätze?
   (Jeden Satz 3 x sprechen, dazwischen 3 x atmen.)
   Ich gebe dem Nichtwissen Raum.
   Ich verfolge keine bestimmte Absicht, kein besonderes
   Ziel.
   Ich lasse alles los.
   Alles darf sein.
   Ich verzichte bewusst auf Bewertungen, Selbstschutz
   und Kontrolle.
   Ich lasse alle Vorstellungen, Ideale und Selbstbilder los.
   Ich öffne mich bewusst dem weiten inneren Raum des
   Seins.
   Was immer geschehen mag, es darf so sein, wie es ist.

4. Wie erlebst Du jetzt die Qualität Deines Denkens?

5. Darf auch das so sein, wie es ist?

6. Bist Du bereit für die Ebene des Herzens?

EBENE des HERZEN (Einlassen, Annahme und Einheit)

1. *Nun verbinde Dich sanft atmend mit Deinem Herzen und dem gesamten Brustraum. Fühle so offen und tief wie möglich in Dich hinein.*

2. *Wie fühlst sich gerade Dein Herzbereich an?*

3. *Bist Du bereit für die folgenden Sätze?*
   (jeden Satz 3 x sprechen, dazwischen 3 x atmen)

   Ich sage ja zu allem, was ich gerade fühle und empfinde und nehme es liebevoll an.
   Ich tauche ganz ein und lasse alles bedingungslos herein.
   Ich lasse mich einfach von allem berühren.
   Ich bin mit dem was ist.
   Ich bin eins mit dem was ist.
   Was immer geschehen mag, ich lasse mich davon berühren.
   Nur ein bedingungslos offenes Herz, kann wirklich lieben.

4. *Wie fühlt sich jetzt Dein Herzbereich an?*

5. *Kannst du auch das umarmen und Dich davon berühren lassen?*

6. *Bist Du bereit für die Ebene des Bauches?*

EBENE des BAUCHES (Loslassen)

1. *Nun fühle Deinen Bauch und Beckenraum. Atme dort weich hinein und nimm so bewusst wie möglich war, was Du dort vorfindest.*

2. *Wie fühlt sich jetzt dieser Bereich an?*

3. *Bist Du bereit für die folgenden Sätze?*
   (jeden Satz 3 x sprechen, dazwischen 3 x atmen.)
   Ich lasse los.
   Ich gebe alles Wollen, Kämpfen und Festhalten auf.
   Ich entspanne und lasse alles sein.
   Alles ist hier – es gibt nichts zu erreichen.
   Ich spüre mich.
   Ich bin vollkommen präsent.
   Was immer geschehen mag: Ich bin hier!

4. *Wie fühlt sich Dein Bauch und Beckenraum jetzt an?*

5. *Kannst Du auch damit sein?*

6. *Spüre nun gleichzeitig die Ebenen des Kopfes, des Herzens und des Bauches.*

7. *Was bedeutet es für Dich, vollkommen präsent zu sein?*

8. *Was tut Dir jetzt gut?*

ENDE

Übung 8:

„ÖFFNUNG zum Ozean der LIEBE"
(Partnerübung) EINSTIMMUNG (Zeichen abmachen „ja")

1. *Atme bewusst tief und ruhig in Dein Herz ein und aus.*

2. *Nimm Dir Zeit, Deinen Körper von innen zu spüren.*

3. *Wie nimmst Du Deinen Körper jetzt wahr?*

4. *Nimm Dir Zeit, all dem in Dir Raum zu geben.*

5. *Fühlst Du Dich bereit für den nächsten Schritt?*

HINGABE an die MUTTER Erde

1. *Fühle die Erde unter Dir und erlebe, wie sie Deinen Körper trägt.*

2. *Schenke das Gewicht Deines Körpers ganz der Erde.*

3. *Wie erlebst Du dies?*

4. *Nimm Dir Zeit, all dem in Dir Raum zu geben.*

5. *Fühlst Du Dich bereit für den nächsten Schritt?*

SELBSTBEGEGNUNG

1. *Nimm Dir Zeit, Dich Dir selbst tief zu öffnen.*

2. *Wie erlebst Du Dich jetzt?*

3. *Gib dem Raum, in dem Du sanft und entspannt in dieses Erleben hinein atmest. Nimm es tief in Dich hinein.*

4. *Wohin führt es Dich, wenn Du Dich dem Ganzen öffnest?*

5. *Bleibe einfach offen! Alles ist willkommen in der LIEBE!*

Gib allem grenzenlos Raum (an dieser Stelle ist es wichtig, viel Raum für das innere Erleben zu geben. Dazu kannst du immer wieder Impulse aus den Punkten 4-5 geben).

INTEGRATION

1. *Sei Dir Deines Atems bewusst.*

2. *Fühle und erlebe „ICH BIN EINS" mit dem grenzenlosen Raum des SEINS, in dem alles kommt und geht. Alles ist willkommen im Ozean der LIEBE! (Falls hier noch etwas Problematisches oder Begrenztes erlebt wird, sage immer wieder: Alles ist willkommen im Ozean der LIEBE.)*

3. *Was nimmst Du aus dieser Erfahrung mit in Dein Leben?*

4. *Was tut Dir jetzt gut?*